U0318716

如何成为一只猫

How to Be a Cat

〔英〕马克·利

（MARK LEIGH）

舒丽萍 译

著

北京联合出版公司
Beijing United Publishing Co.,Ltd.

图书在版编目（CIP）数据

如何成为一只猫 / (英) 马克·利著；舒丽萍译
. —— 北京：北京联合出版公司，2017.4
  ISBN 978-7-5596-0082-0

Ⅰ.①如… Ⅱ.①马… ②舒… Ⅲ.①猫—驯养
Ⅳ.①S829.3

中国版本图书馆CIP数据核字(2017)第072563号

First published in Great Britain in 2015 by
Michael O'Mara Books Limited
9 Lion Yard
Tremadoc Road
London SW4 7NQ
Copyright © Mark Leigh 2016
The simplified Chinese translation rights arranged through Rightol Media （本书中文简体版权经由锐拓传媒取得Email:copyright@rightol.com）

著作权合同登记号：图字01-2017-1756

如何成为一只猫

作　　者：(英)马克·利（Mark Leigh） 著
译　　者：舒丽萍
出版统筹：精典博维
选题策划：曹伟涛
责任编辑：徐　鹏
装帧设计：博雅工坊·肖杰

北京联合出版公司出版
（北京市西城区德外大街83号楼9层　100088）
北京雁林吉兆印刷有限公司印刷·新华书店经销
字数150千字　710毫米×1000毫米　1/32　5印张
2017年4月第1版　2017年4月第1次印刷
ISBN 978-7-5596-0082-0
定价：35.80元

引

言

　　你是一只猫。一旦你得知这样的事实，即通常必须睡在地板上，从一只碗里吃饭，你要意识到这并不是一份很糟糕的生活。你可以有很多的睡眠，相当多的老鼠残肢，当然，还有那令你回味无穷的猫薄荷。（除了爱大喊大叫的狗）我们最大的问题是与人类生活在一起。作为一只猫，你必须意识到，仅仅与人类共存是不够的；你必须立刻摆出大哥大或大姐大的姿态。我指的是在你与之生活的家庭中。狗通常以咆哮和咄咄逼人之态证明这种地位，但对于猫来说，关键词是精妙。在家庭中占据霸主地位的两种主要方式是：不理会任何形式的命令；和人类一样，投以充满遗憾、傲慢、矛盾和鄙视的眼神。这就是我所说的正确的"喵星人态度"。

　　这也正是这本书的用武之地。《如何成为一只猫》不仅仅是一本全面的指南，它还向你展示如何使你的行为在各个方面展现出高高在上的优越感，无论你的行为是善变的，展现出完全无视"责备"这一概念，还是不断尝试把人绊倒在楼梯上。这些宝贵的见解来自我自己丰富的经验，也来自我其他四条腿的好朋友的意见。你可以在"猫咪聊天"——贯穿于本书的一系列个人意见——中阅读他们的意见和建议。

如果你在思索家庭宠物究竟如何占人类的上风，只要想一想你家里的猫。我们被古埃及人崇拜，被邦德电影里的坏蛋所击中，与巫术联系紧密，这些事实使我们被人类敬畏，让人觉得邪恶而神秘。如果人类不尊重这种令人闻风丧胆的声誉，那么在和人类相处的时候请记住一条非常重要的建议：不要把他们当作主人，而是视他们为仆人。

基蒂·普斯金
英国，萨里郡

野　猫

　　游荡或睡在小巷里的猫不一定是无家可归或野生的。他们可能只是闲荡在一些往往令人讨厌的地方去吸引母猫。毕竟，谁又能抵挡一个坏男孩？

大哥大／大姐大

　　自你进入家门的那一刻，你会自动成为你所在的人类家庭里的大哥大或大姐大。这是身为一只猫的乐事之一。

　　怎么会这样呢？去做就是了。

　　因为优越感存在于我们猫科动物的基因。所以你不必咄咄逼人，通过挠抓或发脾气来证明你是老大。大哥大或大姐大的地位给予你某些理所当然应该享有的权利：

　　＊ 在人前穿过所有的门。

　　＊ 在人前上下楼梯。

　　＊ 把任何温暖而柔软的表面当作自己的床。

　　＊ 不理会任何命令。

　　重要的是，你每天都要行使这些权利。否则，看似荒唐的是，有的人就会产生他们其实优于你（或至少与你平等）的想法。

当然，作为大哥大或大姐大也意味着在任何情况下按自己的主意行事。尝试做下面简单的测试，看看你是否是真正的王者基蒂。

你是家庭里的大哥大或大姐大吗？

你如何称呼家里的主人？

A. 男主人或女主人

B. 主人

C. 那个笨蛋

你每天晚上在哪里睡觉？

A. 楼梯平台上

B. 在主人的床上

C. 在主人的被窝里

当你的主人外出时，你的反应是什么？

A. 我感到悲伤和孤独

B. 我睡觉或玩我的玩具。时不时地向窗外张望或漫步到街上，看看他们是否会回家

C. 他们已经出去了？是真的吗？我没有注意到

你通常怎样走下楼？

A. 在主人身后

B. 在主人前面

C. 能构成最大的绊倒危险的任何方式

当你看到餐桌上的烤鸡晚餐，你会怎么想？

A. 我希望主人给我一口

B. 我的。全是我的！

C. 我懒得去思考。我只是跳跃

当你的主人问："谁是一只好猫咪？"你的反应是？

A. 我是！我是！我是！

B. 是我。我是好猫咪！

C. 你在跟我说话吗？你确定你在跟我说话吗？

当你的主人喊你"趴下"，你的第一反应是？

A. 当然。马上！

B. 我会在自己方便的时候趴下

C. 你是在开玩笑吧？！

答案：

多数选 A 者

与其说你是猫，不如说你是一只小猫咪。成熟一些！否则，如果你刚被阉割，会特别讽刺。

多数选 B 者

虽然此刻不是大哥大的地位，但采用粗暴无礼的态度，从盘子里偷食物，并对任何命令表现出更加摇摆不定的态度，将帮助你成长为这个角色。

多数选 C 者

自信和傲慢的结合，当谈到你在家庭中的权威地位时，你绝对是了不起的人物。

猫咪聊天

跋扈：
当然由我支配整个家庭。
难道你不知道？

肛　腺

　　如果你在玩一个以猫为主题的词语联想游戏，你可能会想到像"精明老练"和"高傲"这样的描述性词语，或许也会想到"优雅"和"优美"。通常不会涌上脑海的词是"肛腺"和"气味刺鼻"。然而，不幸的是，它们正是猫科动物生活的重要组成部分。

　　坦率来讲，（当谈论到我们的屁股时，也很难不坦率）我们的肛腺如芒刺在背。为了使它听起来不那么令人不快，你的主人可能会称其为"气味腺"，但无论怎么美化，它们都是同样的东西：位于肛门两侧的两粒豌豆大小的液囊，里面包含的液体信息素是我们用来标记领地的。

　　通常，在我们排泄大便的时候，肛腺会自动清空，此时我们无须多虑。但有时候，肛腺并没有排出任何东西。当出现这种情况时，你的屁股会感到发痒不适，你还会放任自己做一些难登大雅之堂的行为，比如拖着屁股在地板上走或试图咬或挠发痒的部位。在某些情况下，这块区域还会发出恶心的腥臭味。

　　无论是哪种症状（我们希望对猫薄荷的喜爱不是最重要的原因），这是我们生活中需要人类帮助的一个方面。如果你很幸运，你的主人会带你去看兽医（不用说，这是在少数情况下）而不是试图自理。重要的是要记住，将一根涂上润滑剂的戴手套的手指插入猫咪的肛门查看的行为最好留给上过兽医学院的人去做。这不是第一个念头是"随它去"的人能完成的任务。

动物心理学家

你可能听到你的主人说起要带你去看喵星人心理专家。别担心，你不会到一个你进去时还是只胖乎乎的斑猫，出来时却变成一只新加坡小猫的神秘地方。

他们指的是猫科动物心理学家或行为学家。你那轻信的主人要支付很多钱给他们，这样一来，你的主人会被告知你在他的鞋子里排便是因为他没有像宠爱小猫那样宠爱你。

猫咪聊天

窃笑：
猫科动物心理学家把我放在她的丝绒沙发上进行分析。这可不是一个好主意，因为我在不断地挠刮家具……

踝关节

踝关节是连接人类的腿和脚的关节。它对人类有用，是因为它使人类的脚可以进行上下左右来回移动的动作；它对我们有用，是因为它被用作一个方便抓挠的杆，以获得人们的注意。

幼　崽

新出生的小猫和人类的新生儿一样，这些小生灵实际上什么也做不了。他们流口水、嘟囔，屁股会发出噪声，但即使如此有限的行为也足以威胁到你是家里最可爱的家伙这一地位。这意味着直到幼崽不断长大，并失去其新奇价值，你才可以提高自己的地位——无论是爬进一个花瓶、和线团纠缠不清，还是在水槽中睡觉，随便你。

弓起后背

由于我们有大量的椎骨，所以可以高高地把后背弓到大多数奥运体操运动员只能梦想的程度。这一点很赞，原因有两个（如果把"炫耀"算进来，可以说原因有三个）：①它使我们可以在酣睡之后舒展肌肉；②假如我们认为自己正处于危险之中，这个动作可使我们向敌人展示一个极具有威胁性的姿态。

不过，当我们处在海拔最高点的时候会有一个问题：老鼠在我们身下奔跑。

头巾和饰巾

这两样猫咪饰品很难驾驭。穿戴对了，你会看起来很酷很叛逆，就像《猫咪帮》或《东区捕鼠动物》里令人闻风丧胆的猫科动物街头帮派。穿戴错了，你会看起来像是把餐巾塞进了衣领，与其说是一个捣蛋派的团伙成员，不如说是一个邋遢的食客。

猫咪聊天

无法无天：
没人敢惹琼斯街猫咪（细想一下，对于
一个很难对付的街头帮派来说，这不是
一个很登对的名字）。

洗 澡

事实上，猫不需要洗澡。不像狗，他们往往对个人卫生采取放任的态度。我们通常都是一尘不染的。我们不断地大力为自己梳洗，主要有三个原因：

A. 消除寄生虫。

B. 使我们的毛皮保持干净光滑。

C. 避免洗澡。

一些主人没有意识到，甚至看上去像是根深蒂固的灰尘或碎屑，我们都可以用舌头、下巴和爪子去除它们。而且，我们的舌头、下巴和爪子一直坚持为我们洗澡。如果你发现自己正被携着朝一个浴缸或水槽走去，抗议的时刻到了。我不是说像收起爪子和采取粗暴的态度这样的消极抵抗，你要做的是奋力挣扎，使出洪荒之力猛踢。

让你保持干净的善意之举应该是使你保持干燥。你的主人需要把消毒剂涂抹在被划伤的手和胳膊上。

猫咪聊天

米莉:

这就是我们讨厌洗澡的原因。

浴　室

这个房间对人类非常重要。除了厕所、淋浴设施或浴缸，这是他们在房子里真正能单独待着的一个地方。除非他们有一只猫。

既然你不能让自己走进浴室，那么只要你的主人走进这个房间，你就喵喵地叫，用爪子挠抓门或把爪子滑到门下面。人类会认为这是分离焦虑症的迹象，甚至不会认为你这么做的唯一理由是要破坏他们的"独处时间"。

猫咪聊天

毛格勒：
令人惊讶！

（另见"卫生间"）

寝具，人类

对人类来说，床单、棉被、毛毯和羽绒被是寝具。对我们来说，帆布是寝具——是施展创意和发布声明的完美之地。

遗憾的是，大多数人不理解我们的艺术，会把你的努力解释为随意形成的泥泞爪印，而不是抽象表现主义的典范。别理会他们的喊叫和驱赶：他们是对艺术一窍不通的市侩庸人，无法欣赏你传达的叛逆、无政府状态和虚无主义的内涵。而且，他们没有意识到住在他们屋檐下的不仅仅是蒂布尔斯，而是真正的喵星人波洛克。

（另见"铺床"和"钢琴"）

乞 求

　　猫不应该乞求任何东西。不乞求食物，不乞求怜悯，更不乞求宽恕。

　　不要让自己降低到狗的水平。你比狗高级。

　　远远比狗高级。

14

当被召唤

对于猫而言，被召唤等同于获得人类世界的语音留言：你不必马上做出回应。事实上，你应该不理会，即使理会，也要等到你认为合适的时候再回应。马上做出回应意味着屈从和依附，这是狗的标志。

> **狗狗被召唤时的反应：**
>
> 是喊我吗？你需要我？真的？现在？
> 我来了。等等我！我爱你！
>
> **猫咪被召唤时的反应：**
>
> 那是什么噪声？

展现可爱

如果你是一只小猫，那么先合上书去照照镜子。在镜子里看到那样东西了吗？人们称之为"可爱"。

这是一个很难界定的概念。当然，我们有毛茸茸的身体、超大的眼睛和无助的表情。但是在一天结束的时候，"可爱"才是王道。最幸运的是，你并不需要朝这个方向努力，它恰好是你本身具有的特点，也是人类所谓的"出狱卡"。当家里出现任何涉及划伤、撕裂、破碎的物件或粪便时，这张卡就派上用场了。

你需要竭尽所能地展现可爱这一特点。当你大约五六个月大——相当于人类的少年时期——的时候，可爱感会逐渐消失。

猫咪聊天

棉花糖：
用这样的眼神，我可以为所欲为。

揉摸肚皮的陷阱

当你突然间有一种想要挠抓东西的强烈欲望，你会去操练每天都要做的事情。花园里有你最喜欢的树，但是天在下雨；你的"猫抓柱"不再能够激发你的兴趣，上次你挠抓那张珍贵的古董桌子的桌腿……好了，让我们不要纠结于那次特定决策带来的不愉快后果。

在这种情况下，你所需要做的就是仰面滚到地上，把你的肚子展示给离你最近的人。他们会认为这是一个开放的邀请，会揉摸你的肚子。让他们揉弄一会儿，然后砰！你流畅地侧过身体，微微蜷缩着用爪子攻击！

人类！他们每一次都会上当。

（另见"与人类玩耍"）

鸟

乍一看，鸟是完美的猎物：它们体积小，不易碎；它们单足跳跃，然后缓慢地站在地上，发出有趣的吱吱作响的声音。正是这声音吸引了我们的注意力。但不要被蒙骗了。在几千年的进化过程中，它们掌握了能够回避猫和使猫感到沮丧的本领——跃入空中……而且好一会儿不下来。

每只猫需要了解鸟的三件非常重要的事情

1. 它们会飞。

2. 你不会飞。

3. 不要尝试飞。

猫咪聊天

米莉：
美味的零食。
这么近，
却又那么远……

德克斯特：
什么也不想说了。

虎皮鹦鹉

一些主人喜欢逗我们，把五颜六色的小家禽放在近在咫尺的地方，却用一个安全的笼子把我们分开。这些动物被称为虎皮鹦鹉或相思鹦鹉。它们来到这个地球上来实现两个功能：

使人类——尤其是小孩或老年人——感到逗趣；

教我们充分感受什么是挫折感。

咬

人类对我们说的大多数事情可以忽略不理，比如："趴下！""住手！""离开我的胸膛，我无法呼吸了！"但有一件事绝对应该受到尊重，那就是"永远不要咬喂你食物的手"。

有两个很好的理由：

1. 忽视这个建议，通常会导致你被呵斥和（或）被水喷个透心凉。

2. 更糟糕的是，咬主人的手可能会导致他们需要就医，相应地暂时不能为你提供晚餐。

膀　胱

忘记心脏和大脑。忘记肝脏和胰腺。人类最重要的内脏器官是膀胱，我们称之为"闹钟"。它位于胃的底部，了解它的精确位置对猫而言是必不可少的。按一按它，或用你的爪子轻轻揉捏它，会把主人从最深度的睡眠中唤醒，使他们可以起床喂你。

（另见"唤醒人类"）

面对责备

正如你通过本书了解到，猫狗之间存在许多差异，但其中一个根本的差异是我们面对责备的态度。从本质上讲，狗接受责备，而我们不接受。

比方说，你在客厅里不小心用尾巴敲掉了一个摆在架子上的装饰品，正巧有人进来看见装饰品被打碎在地上。看看两种不同的反应：

狗会怎么做？

他会看起来内疚、惭愧，他在想："我非常非常抱歉。这是一次笨拙的事故，以后不会再发生了。我很爱你。"

你一定要怎么做？

完全不理会刚刚发生的事情，眼神里仿佛在说："那个装饰品？完全不知道这回事。它碎了？"

嗯。去问狗吧。

黄油猫悖论

是的，你没有读错。

这是另一个例子，证明人类有太多的闲暇时间。他们想通了为什么我们永远用脚着陆之后，又把注意力转向另一个常识：把黄油吐司抛到半空中，永远是涂上黄油的一面落地。某个聪明过头的家伙就开始琢磨："嘿，我想知道当把黄油吐司没有涂上黄油的一面粘在猫的背部，让猫从半空中跳下时，猫是否仍然用脚着陆。"

据我所知，这个悖论仍然停留在理论阶段。当有人拿着黄油吐司靠近你，请跑得远远的。

　　与其当一个浑身是伤的测试对象，不如挨饿。

闻屁股

　　由于我们的口腔顶部有 8000 万个嗅觉受体和一个特殊的气味传感器，因此，我们的嗅觉比人类敏感十五倍！优点是我们可以闻到远隔三条街的烤肉香味；缺点是任何令人不快的臭味让我们闻上去会更臭十五倍。

　　正是这种强大的嗅觉给予我们关于另一只猫的所有信息，而我们收集信息的方法就是闻屁股。不要担心别人（这里我指的是你的主人）怎么看闻屁股这件事，这是完全正常的行为，而不是猫的反常行为。从人类的角度来看，这相当于检查另一只猫的推特种子（Twitter feed）。

　　其他猫的肛腺散发出的气味告诉我们关于其性别、情绪状态和性情。但事实上，我们没必要把鼻子戳在其他猫的尾巴下面。在现实中，我们敏感的嗅觉意味着只需要沿着路上留下的轻微气味，我们就可以收集到所有信息。

闻其他猫屁股的理由很简单。随后你可以立即用你的脸蹭主人的脸，以此让他觉得恶心。

汽车引擎罩

无论车名是捷豹、福特彪马还是与猫科动物无关的，都不要紧，要说睡觉的好地方，就很难不提到汽车引擎罩。但事情又不是那么简单。为了有一个令人满意的舒适体验，要遵循一定的规律。

规律 1：为了最大的舒适性，选择温暖的汽车引擎罩。

规律 2：要想获得最大的安全性，选择一辆静止不动的汽车。

纸板箱

如果说有一样东西保证能让我们像柴郡猫那样咧着嘴笑呵呵，那就是纸板箱。对人类而言，纸板箱只是一个空的容器。但是对我们来说，它们代表了我们祖先曾在野外的巢穴：一个提供了住所、安全性和隐蔽性的生活空间，使我们可以出其不意地扑向猎物。如今，你伸出爪子够到的不太可能是一个地鼠或小型啮齿动物，更可能是一团毛线或一个脚踝。

猫咪聊天

莉莉：
我是天生的杀手，这是我的老巢。
嘿……别笑个不停！

汽　车

关于汽车，猫只需要了解一件事：四条腿好，四个轮子糟糕。狗可以无忧无虑，他们可以坐在车辆的后座上，把脑袋探出车窗外，任凭风吹拂脸颊，嗅闻空气中飘荡的无数精彩的气味。可是我们却被限制在被称为猫笼的局促空间里，没有任何机会享受上述待遇。我们所能做的就是盘腿坐下，当主人拐弯或突然遇到碰撞颠簸的状况时被晃得左右摇摆，完全不顾及我们的福祉。如果感觉恶心还不够糟糕，你最终的目的地永远是巨大的失望。

认识你们的吠叫与狂吠的区别：我的狗语手册

你认为你要去……	你最终是去……
度假	看兽医
见动物美容师	看兽医
参加猫展	看兽医
看兽医	（临时寄养猫的）猫舍

（另见"猫笼"）

猫床—— 一个方便的指南

你的人类家庭有可能为你提供了猫床。然而，尽管猫床有很多种类，至关重要的是你的猫床是合适的——在这里我指的是舒适，而不是附近其他猫嘲笑的对象。

本指南重点介绍了某些设计固有的问题。

猫　洞

"洞"这个词不是"舒适"的代名词，所以这种类型的猫床也不会舒适。顾名思义，这种风格的床很像一个洞穴状的软结构。洞穴的前面有一个相对较小的开口。请注意：你的隐私得到了保护，但很可能患上幽闭恐惧症。

拱形圆顶猫屋

猫洞的变体，它提供了现实生活中的圆顶建筑所包含的所有惬意。但制造商经常把"局促"和"舒适"搞混淆。

棚屋猫床

难道美洲原住民还没有吃尽苦头？骄傲的土著最不需要看到的就是他们传统住宅巧妙的设计和结构沦落到变成一张宠物床。出于尊重，避免使用这类床。

三合一猫床

并不是三只猫睡一张床。相反，通过推拉不同的部分，它可以转换为猫洞、猫床和猫沙发……尽管三种功能都不是那么尽如人意（例如，所谓的猫沙发基本上就是一个三面毛绒内衬盒）。三倍的灵活性？更像是三倍的不适。

暖气床

一种悬挂在暖气装置下方的吊床。设计者错误地认为，你会发现它又舒适又温馨。现实情况是床很小，更像桑拿浴室。如果你想减肥和睡觉，它还是有用的。

猫 舍

我不知道一个很大却朴实无华，装有皮毛内衬，却用一个洞作为门的立方体是由什么建造而成的。但话又说回来，我又不做销售。

猫 荚

如果我正在发起第一只猫去火星的任务，我可能会睡在其中一只猫荚中。但我没有。我住在郊区一所不错的房子里，我想要一张被描述为"舒适"的床，而不是"超别致""前卫"或"引领潮流"。

椭圆形猫床

这可是你说的！标准的羊毛衬里（或人造羊皮）猫床承诺一个"舒适温馨的避风港"，无论我在"闲逛还是睡觉"。一只猫还能希望什么呢？

除了猫床，猫咪愿意睡觉的排名前十位的地方

当然，作为一只猫，意味着我们可以睡在任意想睡的地方——

猫床不必是实际的猫床，所以，睡在房子里的任何地方都可以。重要的是要记住，越舒服的地方，人类越不希望你选择那里睡觉。

根据我和我的猫朋友所进行的研究，下面这些是惬意温暖受欢迎却令主人烦恼的睡觉地点。

- 一堆干净衣服上面
- 一堆重要文书上
- 电脑键盘 / 打印机 / 扫描仪上
- 计算机键盘和屏幕之间
- 直接睡在门前
- 门道的中间
- 内衣抽屉里
- 垃圾箱里
- 主人的汽车钥匙上（当主人正在疯狂地试图找到它们的时候）
- 当主人睡觉的时候，睡在他们头上

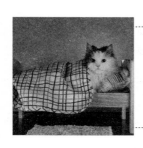

猫咪聊天

布洛瑟姆：
一张新床？
嗯。这并不完全符合我的想法。

猫 笼

人们称之为猫笼，我们认为它们是移动的监狱。你会发现自己被毫不客气地扔进其中一只猫笼。他们担心你会跳到司机的头上或跳到前面，沿着仪表板的顶部，在车行进的过程中把你的头钻进方向盘。而且，说实话，他们是对的。即使在一个很小的汽车里，也有很大的空间供猫运动、玩耍、上蹿下跳。

三种方式帮助你在微型塑料监狱里打发时间

· 每过一分钟，你就挠抓一下塑料监狱内侧的细索。这会提醒你记住被囚禁的每一刻，而且可以在将来的猫科动物权利审判中作为证据。

· 嘴里发出令人不安的叹息。如果你不会这一招，就喵喵地发出哀怨的声音。

· 用食盆碰击猫笼上的栏条，以获得重视。

猫咪聊天

辛巴:
任何栏条也拦不住我,人类!

猫用活板门

忘记车轮、灯泡和内燃机,甚至忘记青霉素、互联网和漫画字体。最伟大的人类发明一定是猫用活板门。

很难想象猫用活板门还没有问世的那个时代,那是我们依赖人类的时代,也是我们必须悲哀地喵喵叫才被允许进出的时代。我不知道你是怎么想的,但想起依赖人类的那段黑暗的日子,我会颤抖。我们不得不忍受自己几乎像犯人一样被对待。

　　现在，由于这个简单的设备，我们可以随心所欲地来来去去。更重要的是，一些高级的猫用活板门只在检测到你的微芯片或小型发射器时才打开，这意味着附近的任何流浪的或令人厌恶的猫都不能进去偷你的食物或玩你最喜欢的玩具——系着铃铛的玩具老鼠。

　　当然，不足之处是，你也会被拒绝进入其他猫的房子，以及失去吃他们的食物或玩他们的玩具的机会……

　　嗯。有得必有失。

　　　　据说，广受赞誉的人类科学家艾萨克·牛顿爵士发明了猫用活板门（我觉得这一点很难相信）。说到底，当一个天才制定了三大运动定律之后，就不需要知道比这更重要的事情了。

小　憩

　　作为一只猫，得到足够的休息对你的健康和总体幸福感而言是至关重要的。你可以通过小憩得到足够的休息。所谓小憩，就是一天之中较长睡眠之间的一系列短时间睡眠。

猫咪聊天

洛基：

嘘。我梦见在睡觉。

（另见"睡觉"）

猫薄荷

　　该植物属于薄荷家族的一员，正式名称是荆芥。通俗地说，它被称为猫世界的可卡因。人类喜欢给我们注入了猫薄荷的玩具和猫抓板，因为他们可以看到这些东西是如何令我们疯狂的。的确如此——猫薄荷确实对我们有强大的作用，它刺激我们大脑中的快感受体，使我们上蹿下跳、打滚，变得非常兴奋。任何闻过猫薄荷的同伴都知道，这种感觉是非常愉快的，当这种愉悦感持续的时候，我们会极度活跃。然而，冷酷的事实是——没有什么东西能比猫薄荷更快更狠地放倒你。

猫薄荷的效果

　　猫薄荷会使你的身体加速运转。你的心脏跳得更快。你发出叫声和呼噜声的频率也变得更快。你能够更有效地追逐鸟儿和自己的尾巴。你不太需要睡眠（每天只要九个小时即可）。你觉得快乐和兴奋，就像你无意中发现了一顿无人值守的鸡肉晚餐。

　　猫薄荷让你高度兴奋的后果是随之而来的崩溃感。你会意识到这些症状。在所有的快感之后，你会感觉到忧伤和疲惫。在许多情况下，你还会感到愤怒和紧张。就像预料到要去看兽医……但比这更糟糕。你还可能会出现妄想症，总觉得住在拐角处的那只硕大的雄猫要出来找你。

　　然而，最大的问题在于，你会非常强烈地渴望再次嗅到猫薄荷，这样就可以再度感到开心和兴奋——如此一来，整个恶性循环再次开始。

你对猫薄荷上瘾吗？
做以下测试得知答案！

1. 你对猫薄荷的使用干扰到你和其他猫或小猫的关系吗？
   [ ]是　[ ]否

2. 你是否有非常期待即将闻到猫薄荷的体会？
   [ ]是　[ ]否

3. 你认为那些停在晾衣绳上的麻雀在谈论你吗？
   [ ]是　[ ]否

4. 当你没有猫薄荷的时候，你是否有一种按捺不住的冲动想要
   闻一闻它？　[ ]是　[ ]否

5. 关于闻猫薄荷的量和频率，你有没有欺骗或误导其他猫？
   [ ]是　[ ]否

6. 你有没有长期受流鼻涕或流鼻血之苦？　[ ]是　[ ]否

7. 你是否尝试过减少猫薄荷的使用，结果发现你不能减少？
   [ ]是　[ ]否

8. 考虑到你要和一只大狗共享房子，你会紧张和不安吗？
   [ ]是　[ ]否

9. 如果不是因为猫薄荷，你会花时间和其他猫出去闲逛或待在
   你通常保持干净的地方吗？　[ ]是　[ ]否

10. 当一只盛着鸡肉和土耳其猫粮的碗呈现在你面前时，你是否
    有时会有不可想象的想法"我不是那么饿"？
    [ ]是　[ ]否

答案：

如果你有一个回答是"是"，那么你可能对猫薄荷有严重的上瘾。要获得帮助的第一步是承认你有问题，而这需要一些严肃的自我反省和绝对的诚实。

猫咪聊天

马洛：
我曾经染上过一个坏习惯，一天之内要闻猫薄荷七八次。庆幸的是，现在我已经把它抛至脑后，只是偶尔嗅一嗅。

（另见"猫薄荷互诫协会"）

猫薄荷互诫协会

作为一个互助群体，猫薄荷互诫协会（Catnip Anonymous，简称CA）对所有的猫开放，无论品种（甚至欢迎姜黄色的猫）。成为会员的唯一要求是控制你想要猫薄荷的愿望，一天一次。自从该协会于 1935 年成立以来，全世界有超过两百万只猫已经找到了依赖猫薄荷之外的新生活。

猫的生存哲学

尽早地采用一种思想是很重要的。这些由猫科动物哲学家总结的"喵星人生活教训"远远比我聪明。坚持以下原则,你会过一份安逸、无压力的生活。

三个非常重要的生活教训

· 当事情变得棘手,小睡一会儿。
· 如果一开始没有成功,小睡一会儿。
· 如果东西没被弄坏,小睡一会儿。

猫　展

当狗被打扮得容光焕发在圆形舞台上走秀的时候,他们总是看起来不自在。但是,对猫来说,会感到很自然。有机会让你的优雅和魅力得到评判的同时,还可以招摇过市,陶醉在观众的掌声和欢呼声中,并且一直看起来傲慢和骄矜是件多么过瘾的事!我想请问,你觉得为什么人们称其为猫步?

猫展有两种类型：专业猫展（为纯种猫而设）和业余猫展（为家猫而设）。

专业猫展的三个迹象

1. 裁判太过于认真。我的意思是，他们是在审视猫，而不是在判断诺贝尔奖的候选人。

2. 如果你表现得像一只猫，你就不会赢（换句话说，如果你喵喵叫，唰唰地挥动尾巴或挠抓身上的螨虫）。

3. 在猫展举行之前和期间，你的主人就像纯种的暹罗猫那样始终保持高度紧张，而且爱发脾气。

业余猫展的三个迹象

1. 参赛类别包括"最可爱的猫咪"和"最蓬松的尾巴"。

2. 如果你在舞台上撒尿，人们会大笑，而不是倒吸一口气。

3. 没有睾丸不被视为一项缺陷（当然，对于裁判而言并非如此）。

猫展走秀的五个成功秘诀

1. 提醒一句，你不只是需要毛色光鲜，你还需要脸皮厚。就如同人类的选美比赛，你的周围很可能包围着令人难以置信的阴险的对手。

2. 参赛前一天保持充足的睡眠。这意味着睡 18 个小时，而不是通常的 12~16 个小时。

3. 确保在参赛前解决好大小便。你真的会感谢我这个建议。

4. 永远不要因为觉得高傲的伯曼猫看起来过于自信或波斯小猫看起来太可爱而变得沮丧。不要过分挑剔自己的容貌（想一想斯芬克斯猫，你知道我在说什么）。

5. 如果裁判或另一只猫惹恼你（面对它，这是一次猫展——它即将开赛），置之不理。在你赢得比赛之后，你有足够的时间对付他们。

猫咪聊天

纸杯蛋糕：
想知道我在猫展大获成功的绝佳建议？
记得以一种时髦的姿态行走。

猫 舍

当你的主人度假的时候，度假的地点可能是你要去的地方。他们可能会告诉你，你将寄住在猫咪酒店，乍听起来，这非常有吸引力。它让你想到养尊处优，有机会去存在美食的迷你吧，还有随行的工作人员照顾你的每一个心血来潮的怪念头。而现实的情况有所不同，主要的问题在于，经营猫舍的人往往混淆"酒店"和"拘留所"，这导致你最终停留的地方充斥着关塔那摩监狱特有的奢华、魅力和诱惑力。

五个迹象表明你身处一个非常糟糕的猫舍

1. 你一看到住处就想呕吐，而你想呕吐的原因不是因为小毛球。
2. 你的床上有毛发……而这毛发不是你的。
3. 你对面有一只正在发情的猫，整夜源源不断地招来很多公猫。
4. 走廊里传来凄婉的喵喵声："救救我！帮我！"这使你夜不能寐。
5. 你回家的时候比你来的时候携带更多的跳蚤。

猫 塔

也叫"猫爬架"，是一种结构精巧却不实用的结构，被伪装成"猫咪活动中心"，包含柱子、平台和所谓的栖息地。栖息地？主人们忘记了我们是狮子和美洲豹的近亲，而不是金丝雀。

人类以为我们喜欢运动、玩耍以及放松地躺在他们身上，因此错误地买了这个玩意儿。我们真的喜欢它吗？这简直是让我们下地狱！比起猫塔，我们在一个充满水的水槽边玩耍会更有乐趣。

猫塔的价格空间很大，有些猫塔的价格贵得离谱。我们的主人会认为猫塔越贵，我们越喜欢。

他们错了。猫塔越贵，我们越喜欢不理会它。

猫咪聊天

米洛：
猫塔……
你看我兴奋吗？

椅　子

谈到椅子，只有两个规则：

1. 不经意地从它旁边经过，"哦……那是一把椅子。我真的不关心它是怎么摆放的。"

2. 只要有人挪动脚步想要去坐，你要突然蹿到椅子上占据所有权。

猫咪聊天

肉豆蔻:
你的椅子？真的？但我没有看到你的名字写在上面。

追　逐

追逐东西不仅是本能，它也很有趣，而且很容易做到！

如何追逐东西

1. 追赶真的跑得很快的东西。

2. 即兴追逐。

更重要的是，绝对没有压力。你甚至不用抓住你正在追逐的东西。快感是追逐本身。

适合追逐的好东西	不适合追逐的东西
球 羊毛球 老鼠 鸟类 松鼠 吉娃娃 蜘蛛 任何闻起来像猫薄荷的东西	任何静止不动的东西 大型犬 你的尾巴（会让你感到头疼）

咀　嚼

咀嚼非食用对象是野蛮和缺乏文明的行为，这就是为什么你会发现相比起猫，这种行为更频繁地出现在狗的身上。事实上，猫确实喜欢咀嚼人类的财物。

除了小猫咀嚼东西是为了缓解长牙的痛苦，有些猫咀嚼东西是因为焦虑、寂寞、无聊或只是想得到关注。但是，无论出于什么原因，我们不会区别对待放进嘴里的东西。当想要咀嚼的冲动来了，我们会咀嚼离我们最近的东西，无论它是什么。就这么简单。

喵！你并不真的相信，对吗？

当然，我们决定什么该咀嚼，什么不该咀嚼！我的意思是，这也是一种乐趣，不是吗？我们的决定基于一个长期公认的方程式，其中 GL 表示满足程度，D 表示咀嚼的持续时间，N^2 表示淘气度，ch 代表窒息的危险。

$$GL = \frac{D \times N^2}{ch}$$

例如，面对一把漂亮的木制椅子或一块旧毛毯，你当然会去咀嚼椅子腿。同样，如果你看到主人那崭新而昂贵的皮靴和一个坐垫都触手可及，那就不需要费脑子了！

在大多数家庭中，都会有大范围的咀嚼对象，每个都有自己的优点和缺点。

另外，在下面的指南中，请注意所有的缺点中还包括你被大声训斥或被水枪喷射的可能性。

关于咀嚼对象的指南

室内植物

优点：多汁，纹理丰富，是令人满意的咀嚼对象。

缺点：有些植物对猫是有毒的（一想到有可能遭受肾功能衰竭的痛苦，满意的想法就随之减弱）。

椅子腿

优点：会发出令人满足的吱嘎声，在有些情况下，清漆会散发出甜味，这层木材保护相当于糖浆或糖蜜。

缺点：几乎没有缺点（不过，要确保椅子腿真是木制的。金属腿会大大削弱你的满意度）。

电缆线

优点：就像你在攻击一条危险的蛇：感觉超棒。

缺点：就像你在攻击一条危险的蛇：死亡的可能性很大。

手机充电器连接线

优点：缺乏阻力。

缺点：太容易咬穿。满意感很短暂。

报 纸

优点：令人愉悦的撕裂声；有机会玩纸屑。

缺点：报纸是如此易于咀嚼，满意感很快就没了。

钱 包

优点：皮革的质地和气味；信用卡会发出温和的嘎吱声；纸币的味道。有什么理由不喜欢？

缺点：你很可能如雷贯耳地听到比以往任何时候声音都要更高的呵斥——"坏猫！"

书 籍

优点：当你把书的封面撕掉，并开始撕里面的书页，会闻到旧书散发出一股不错的霉味。

缺点：可能会被纸划伤。

猫咪聊天

凯妮丝·艾佛汀：
这面条有点难嚼。

（另见"鞋子"）

吉娃娃狗

是真的吗？是真的吗？我真不知道为什么会有这种类型的狗存在。我想对拥有吉娃娃狗的任何人说一句话：与其拥有一只这么小的狗，还不如养一只猫。

猫咪聊天

比尔博：
吉娃娃？难道墨西哥人不觉得它"浪费空间"？

圣诞节

这是人类的节日，往往出现在每年最冷的时候。你可以通过家庭中的一些显著的变化识别它，包括大量涌入吵吵嚷嚷的孩子们。此时，你的主人的应激水平也大大增加。

家里的这些变化告诉你圣诞节到了

树

一棵挂着装饰品的小树会突然出现在客厅里。这是奇怪的人类风俗的一部分，在树上撒尿将被视为亵渎。不过，这提供了一个很好的爬树机会。与此同时，树上挂的那些包装光鲜的礼物为你的撕纸技能提供了挑战机会。（注意：一根很细的电线将树上的灯连接到墙壁上。不要咀嚼电线，否认所导致的后果会让你后悔）。

电 视

它比往常更响亮，画面更鲜艳，更刺激。虽然它本身就讨厌，更糟糕的是，很多人一窝蜂地侵入你的房子，坐满所有可坐的地方，他们为了看电视，迫使你退居到坚硬的地板或走廊上。

耶稣诞生画

一个小型的宗教画面可能会出现，它描绘的是人类称之为耶稣诞生的故事。这是唯一让猫感兴趣的东西，因为木制人像是完美的咀嚼玩具。

警告：小心那个名叫圣婴耶稣的人物。吞咽他会使你在基督再临时相当痛苦。

你的参与

你的主人会想要把你融入庆祝活动。但是，鉴于你无法唱圣诞颂歌或包装礼物，所以会把假鹿角戴在你的头上，以这种方式让你参与。你要在他们试图拍照的前一秒迅速摆脱鹿角，让它从你身上掉下来，以此表示你的感激。

食　物

除了过多的客人，你会发现还有更多过量的食物。尽管你的周围存在很多令人不安的变化，但有四个字使圣诞节值得期待：自助餐台。练习上蹿下跳，就像你以前从来没有跳跃过那样。

猫咪聊天

巴斯特：
我多么喜爱圣诞节……

梅西：
我他妈看上去像一只驯鹿吗？像吗？

爪　子

作为一只猫，重要的是要知道我们为何拥有真正锋利的爪子。

1. 我们可以爬高。

2. 我们可以捕捉和抓住猎物。

3. 我们可以反击捕食者。

4. 我们可以快速地向我们的主人传达一个信息：是时候停止揉我的肚子了！

攀爬架

有两种类型的攀爬架。第一种是颜色鲜艳的金属类，在大型花园里可以找到这类攀爬架，年轻人喜欢玩。第二种攀爬架更为高级，

它在室内，而且它可以提供更好的抓地力。它就是你的主人。

当他们弯腰捡东西，跳上他们的后背并走到他们的肩膀上。如果他们不弯腰，你仍然可以通过爬上他们的腿，达到同样的制高点。如果他们没穿裤子，也不要放弃——裸露的双腿仍然可以供你的爪子抓牢。

项　圈

关于猫的项圈，就像猫的品种那样，有很大的选择范围。你们中的大多数将会有不同颜色和款式的皮革或织物项圈，这些项圈分为三类：简约的、自命不凡的和老掉牙的。在大多数情况下，你的主人将会为你选择戴哪一种项圈。但是，你要知道有一些项圈你绝对要避免佩戴。

避免时尚赝品

灭蚤项圈

通常，我们宁愿忍受令人恼火的事，也不愿意佩戴灭蚤项圈。它传达的更多的信息是：你的社会地位下降了。这就像一个人穿了一件仿真版球衣。

带尖刺或饰钉的皮革项圈

带尖刺的项圈是过去人类用来保护家庭驯养的猫和狗免遭狼的袭击。鉴于如今城镇几乎没有狼的出没，你佩戴这种项圈会很落伍。

豹纹项圈

在生物学上，豹是我们的半个同胞兄弟，但戴上豹纹项圈只会让你为了迎合别人（和其他猫）的期望而承受不必要的压力。例如，期望你有能力游泳横渡水坑，或击倒一只奔跑的羚羊。

哗众取宠和个性化

戴上一个刻有自己姓名的皮革项圈看起来很时髦，前提是你的名字与你试图表现出来的姿态很搭。如果你不确定，那么问自己："我的名字刻在服装饰物上好看吗？"如果你名叫卡彭、鳄鱼或野兽的话，答案很可能是否定的。

项圈主要是起到领结的作用

真的吗？

许多猫项圈还配备了非常恼人的铃铛，以告诉你的主人你在哪里。这是最不合逻辑的人类逻辑，因为没有任何铃声能提醒他们你不在哪里。

猫咪聊天

甜心波波：
把我的名字印在项圈上，一点儿都不合适。

电　脑

　　我们总是家里关注的焦点，这一点是至关重要的。但是阻碍这一雄心抱负的既不是另一只年幼而可爱的猫，也不是一只狗（如果这样，简直是天理不容），而是叫作电脑的玩意。

　　这个电子装置看上去就像一台小电视，你的主人每天花数小时坐在它面前，对着没完没了的猫视频哈哈大笑——猫面对自己的倒影时的反应；猫在家具之间跳来跳去并失踪；猫被困在纸板箱中；猫被关在浴室，发出听起来就像"Nooooo"的声音。

　　你的主人看这些视频的每分每秒，其实都可以用来与他们现实生活中的猫玩耍。

　　我的猫朋友们，这就是人类所谓的讽刺。

猫永远不会使用电脑的六个原因

1. 我们一听到"鼠标（mouse）"这个词，就过于兴奋。

2. 听到"垃圾邮件（spam）"也是如此（注：spam还有午餐肉的含义，猫咪听到这个词，立马想到的是午餐肉）。

3. 旧习难改：我们试图通过把自己的臭迹喷到屏幕上，而不是点击"收藏此页"来标记每个网站。

4. 下载一条鱼是不可能的。

5. 笔记本电脑（laptop，按字面意思是"大腿上的电脑"）的名字有误导，它实际上并没有大腿。

6. 腕爪综合征。

猫咪聊天

泰迪：
如果这不是床，为什么如此暖和？

帕奇：
我写的新小说的开头：asdfweursdhoksjkjkgnhhhafsafsdrwwq……

窗 帘

从技术上来讲，窗帘是用来挡光线或穿堂风的布。对于猫而言，它们纯粹是可供攀爬的岩壁和满足我们永不知足的冒险渴望的地方。到达顶峰（人类称之为"窗帘杆"）会有一种几乎不可理解的满足感——而且，当你离地面八英尺的时候，你一点儿也没有高空病（高空缺氧引起的不适症）。

人类认为，我们爬上窗帘是在"用猎人独具的眼神"观察周围的环境。

其实是我们喜欢这种感觉，而且喜欢我们那剃刀般锋利的爪子刺进织物发出的声音。

就这么简单。

猫咪聊天

佐伊：
对我的主人来说，这是窗帘。对我来说，它是乞力马扎罗山的东面。

正餐时间

对于家猫来说，正餐时间是一天的亮点，它比猫薄荷和羊毛球都更好，而且绝对比追鸟更好。

事实上，只有一件事情比正餐时间更好，那就是两次正餐时间——你的主人无意中又喂你一遍，他没有意识到家里的其他人也在做同样的事情。此外，有些主人把在一天的开始和一天的结束之时为你准备的饭都称为"正餐时间"。去搞清楚。

猫咪聊天

梅林：
嗯，我在等待……

狗

就像英勇的汽车人和邪恶的霸天虎，几个世纪以来，猫和狗一直处于相互抵触的状态，矛盾的焦点锁定在对主导权的争夺上。

这种敌意的由来并不符合逻辑。仇恨通常是基于自卑或嫉妒，但是，当我们和狗相比较，我们在各个方面都好得多。如果你需要证明优势的具体证据，请看下面的列表。

猫比狗好很多的十个原因

1. 我们有更好的色觉。狗分不清红色和绿色之间的差异。嘿，它们可是两种截然不同的颜色。

2. 狗是如此不文明。我的意思是，谁会公然大小便？在街道中间？

3. 我们深得主人的信任，可以随心所欲地出去四处流浪，沿着街道拜访朋友，晒日光浴，然后漫步回家吃饭，睡觉。狗是完全不负责任的。把一只狗放出去，一闻到香肠的味道，你可能再也见不到他了（这并不是我在抱怨）。

4. 我们可以像蛇那样发出嘶嘶的声音。所以，我们是惹不起的。

5. 我们不会把在粪便、腐烂的动物尸体或泥泞的水坑里打滚当作理所当然的事，谁会呢？

6. 当涉及生活方式的选择时，我们与狗不同，我们会把个人卫生视为日常生活中不可或缺的一部分，而不是"可有可无"。

7. 我们不会毫无成效地瞎跑，也不会听到门铃响，就歇斯底里地大喊大叫。这样做尊严何在？

8. 在没有月亮的夜晚，我们可以看到花园尽头的黑色小老鼠。狗看不见扔在他面前只有两英寸之遥的食物。白痴！

9. 狗的名字是斯塔利或斯泰尔斯沃斯先生并不重要，如果你和狗进行对视比赛，胜利者永远是你。

10. 同样，无论狗用两条腿直立行走或用鼻子平稳地托起餐盘并不重要。因为无论你做什么，你总是赢在可爱。

猫咪聊天

吉米：
狗应该始终知道自己的位置。在这种情况下，他是我的枕头。

门

　　你与之生活在一起的人类应该像积极进取的商业机构，执行"门户开放"政策，给予你自由和不受阻碍地进出所有房间的权利。如果你发现任何门是紧闭的，就通过刮擦门上的油漆来提醒你的主人。如果他们未能引起注意，那就咄咄逼人且具有破坏力地用爪子直接挠抓门前的地毯，直到把信息传达给主人为止。

　　当你接近一扇敞开的门时，有人恰好跟在你身后，不要在进门的时候感到有压力。停在门口，半截身子在门内，半截身子在门外，摆出"也许我会进去，也许我不进去"的迟疑神态。

猫咪聊天

阿斯兰：
我说过，我想进入所有区域！难道你不知道我是谁吗？

饮料

饮料有两种用途：

1. 供人类解渴。
2. 供我们无缘无故打翻。

伊丽莎白圈

这个物件被连接到你平时的项圈上，用来防止你舔咬伤口或发痒的部位。你可能不知道它真正的名字，但你一定会感到屈辱——全世界称之为"耻辱锥帽"。

> 优点：它会帮助你愈合得更快。
>
> 缺点：你看起来像个呆子。
>
> 总结：当你舔自己的生殖器的能力被剥夺后，你会惊奇地发现自己有那么多空闲时间。

戴上耻辱锥帽后，如何维持自尊？

我真的很抱歉，佩戴的实际上是一个上翘的塑料灯罩的造型，实在没有办法维持尊严。当然，你可能会认为，你可以说服其他猫咪这是一个可以收集声波的装置。戴上它，你可以听到甚至更远的地方传来的猫粮罐头被打开的声音；可以利用它把玩具从一个房间带到另一个房间；你甚至可以等待它被盛满美食……但事实是，没有人会相信你。永远！

猫咪聊天

麦克德夫：
我很不高兴。我的好朋友说我看起来像是卫星天线接收器。

用脸蹭书

　　不要与人类流行的消遣——查询社交媒体，观看关于喵星人的有趣影片，而不是和现实生活中的猫（比如你）玩耍——混淆，用脸蹭书是我们吸引阅读者关注的一种方法。

　　你所要做的就是待在人和书之间，然后用你的鼻子和脸蹭书页。人类会很快收到讯息，把书放下，给予你应有的重视。

猫咪肥胖症

　　不幸的是，人类肥胖的后果之一是猫咪患上肥胖症。但说实话，这不是我们的错。只因为我们的主人认为，他们喜欢大份食物，吃完还要第二份，所以我们也是如此。

其实我们确实如此……但这不是重点。问题的关键是，当他们发现自己无法吃完额外的食物，就把这些食物给我们，而我们不能说不。所以，不要自责。我们发现鸡肉、火鸡肉、猪肉、火腿、牛肉、金枪鱼、鲑鱼、鸡蛋和奶酪那么那么美味，以致我们拥有的越多，想要的就越多。

这就是为什么只需要一丝丝香肠三明治的香味，我们就会跳上桌子，然后被呵斥。

十个迹象表明你可能是一只肥猫

·你告诉自己，你只是病态的毛发蓬松。

·当人类宠你，他们会说你像只充气的皮球。

·只有在关灯的时候交配，你才觉得自在。

·你绝对相信，你的猫床莫名其妙地变小了。

·当兽医把你放在秤上，你吸着肚子。

·你看见仅仅几英尺远的地方，有一只小鸟站在老鼠的背上搭便车……你却丝毫没有精力做任何事情。

·有人问你，你的小猫何时出生……但你已经绝育。

·你不知道自己哪里变胖了，但你知道体重增加是可能的。难道是耳朵变胖了？谁有一对肥耳朵？

·你的主人把你的名字从"闪耀公主"改成"肥猫"。

猫咪聊天

阿莱格拉：
现在，我知道人类从哪里得到"肥猫"
这个词语。

要变幻无常

"生活中唯一不变的是变化。"赫拉克利特说过。他不是住在13号的栗鼠，而是希腊前苏格拉底时代的哲学家。

重要的是，喵星人要向主人展示变化的重要性。不是因为我们想教他们懂得自满的危险性，而是因为这非常好玩。

变幻无常可以表现在许多方面，也许最简单的是在正餐方面。你的主人会时不时地为你换一种新的品牌或口味。十有八九是公认的猫粮，你会喜欢它。至少暂时……

给你换了一种全新口味的正餐，你的反应应该是

日子	反应
星期一	喜欢
星期二	喜欢
星期三	喜欢
星期四	喜欢
星期五	喜欢
星期六	喜欢
星期日	讨厌

另见"猫笼"。

8 字形

当谈到在人类的身上蹭，那么拖动你的背部、头或脸颊，沿着人类的一只腿蹭是相当令人满意的。要想获得最大的满意度，你无法抗拒在人类的两腿之间钻进钻出，表演一个完美的"8"字形，以使你的全身都能相继蹭到人的身体带来快感。一旦你掌握了这个娴熟的技巧，就可以进阶到以下两个高级的版本。

A. 当人类行走的时候玩个"8"字形

需要注意：不要被挤在他的两腿之间。

B. 当人类下楼的时候，玩个"8"字形

需要注意：当你们俩都不可避免要触到地面的时候，确保人类呵护你不坠落。

烟花爆竹

不管你信不信，给猫造成最大压力的不是吠叫、打雷或是吸尘器的噪声。也不是贾斯汀·比伯。是一种叫作烟花爆竹的东西。

它是一种人造的小型爆炸装置，能够产生噪声、烟雾和火光。尤其是噪声。人类在一千多年前发明了这种东西，据说它能吓走邪灵。现在，它能吓走的是宠物。你会以为，人类一定已经厌倦了这个维持了这么长时间的东西，但事实并非如此。他们仍然坚持用烟花爆竹来庆祝新年、宗教节日、重要的节日或他们所谓的盖伊·福克斯之夜（11 月 5 日焚人像并燃放焰火之夜）。

一些猫行为学家建议你的主人让你熟悉烟花爆竹，方法是给你播放具有音响效果的 CD，然后逐渐增大音量，直到你习惯巨响的声音。他们称之为"声音疗法"。我称之为高危策略，这只会产生两种可能的结果：

1. 让你逐渐适应噪声。

2. 甚至给你带来精神创伤。

不要冒险接受这些后果。如果你觉得你的主人像是要打算尝试这个实验，就伸出爪子按住 CD。

在焰火之夜该做什么和不该做什么

· 你在预计的骚乱开始的时间之前，先吃晚饭。因为一旦开始燃放烟花爆竹，你可能会太焦虑而吃不下。

· 一定要确保你有到达指定的避风港的明确路线，或确保你有一个可以远离喧嚣的投靠之地。无论你是一只小猫还是老猫，躲在沙发底下一点儿也不羞耻。

· 当燃放烟花爆竹的时候，不要漫步穿过猫用活板门，进入花园。这不是证明勇敢的时刻。

· 试图以某种方式说服你的主人打开电视，因为这将有助于掩盖烟花爆竹的噪声。在这样的夜晚，你应该感激人类那些响亮的、喜欢尖声喊叫的选秀节目。

· 不要对烟花爆竹发出嘶叫声。它们听不到你的声音，也不害怕你。

鱼

作为猫，我们有很多的闲暇时间，因此我们有很多机会去思考生活中的奥秘，比如为什么干粮碗总有一半是空的？为什么人类对精致的装饰品有一种非理性的依恋？为什么狗那么笨？不过，猫思考最多的其中一件事就是：为什么我们喜欢吃鱼却厌恶水。有人说，这一点可以追溯到我们还是野猫的时候。当时，一有机会，我们就吃鱼。也有人说，这始于古埃及人开始驯化我们的时候，当时，他们用从尼罗河里捕来的鱼把我们引诱到家里。

我的看法是，谁会在乎呢？

金枪鱼、鲑鱼和沙丁鱼如此美味，你花时间思考这一点，还不如花时间享用它们。

猫咪聊天
米西：
这是我的开胃菜……

跳蚤、虱子、螨虫和蜱虫

当谈到自然界中一种生物是另一种生物的宿主，猫受到了不公正的待遇。犀牛有食虱鸟除去身上的虱子，鲨鱼有鮣鱼来清洁牙齿和吃死皮。不同物种之间的联系是和谐且互惠互利的。

和狗一样，我们有跳蚤、虱子、螨虫和蜱虫。这种共生关系简直讨厌至极！甚至连我们那非常讲究的梳毛方法也不能保证免疫于这些可恶的生物，这也是我创建这个方便使用的指南的原因。

关于猫寄生虫你需要知道的所有事情

跳　蚤

虽然症状很难受（剧烈瘙痒，挠抓或撕咬感染区域），但真正糟糕的是，你可能不得不接受一个具体的治疗方法。如果你的主人用滴露、粉末或喷雾，那算你幸运。然而，有时他们决定让你佩戴灭蚤项圈，这个项圈保证能毁灭两样东西：寄生虫和你的声誉。

虱　子

虽然不像跳蚤那么普遍，但身上长虱子的痛苦仍然是一种社会耻辱，它比与当地的哈巴狗称兄道弟更糟。如果强行给你用去虱香波清洁毛发，那算是从轻处理。在严重的情况下，感染区域周围的毛发会被剃光。人类认为秃顶是吸引人的，是男性气概的标志，但秃猫在任何情况下都不会被认为好看。

螨 虫

　　如果你身上长了螨虫，你会希望还不如长跳蚤。螨虫是你最不想要的一种寄生虫：它们的体积太小，你的主人用肉眼根本看不见。它们有微小的爪子，在你的皮下排卵，而且非常具有传染性。猫最常见的是患上耳螨，顾名思义，耳螨在我们的耳道安家。螨虫就已经够恶心了，但它们是被耳垢养活吗？只是读到这一点，你或许就感觉很恶心了。

蜱 虫

　　如果你长时间在深草丛中行走，就有可能沾染上蜱虫。它们就像大个儿的螨虫，被称为"寄生虫中的吸血鬼"。它们钻进你的皮肤，在你毛发最少的部位吸血。这意味着你的脸和脖子，腿内侧和"特殊部位"的周围。但除了感染和疾病的危险，还有一个更大的风险——抠门儿的主人为了省钱，不从兽医或宠物商店购买治疗用具。相反，他们可能会通过焚烧来赶走蜱虫。

对，就是焚烧。

请记住，如果你的主人在你的皮毛周围举着火柴或香烟，赶紧跑。跑得越远越好。被烧到任何地方，尤其是你的屁股，将远远超过蜱虫带给你的痛苦。

猫咪聊天

蒙蒂：
为了摆脱虱子，我的毛被剃光了。看看我现在！没有人想成为一只无毛猫。甚至连无毛猫也不想。

五秒规则

五秒是我们喜欢被举起来并被拥抱的平均时间。五秒之后，你应该通过压平双耳和摆动尾巴来表示你的不满。此时，你的主人应该得到暗示——继续亲热可不是一个好主意。再过五秒钟，你伸出爪子和发出嘶嘶声确认你想被放下。

（另见"人类表露情感"）

狐　狸

　　这些动物真的会发出混乱的信息。在生物学上，他们是食肉目犬科动物，与狼、土狼、澳洲野犬、豺狼是一个家族（当然，还包括狗）。另一方面，狐狸有垂直的瞳孔，会爬树，有可伸缩的爪子，扑向猎物，在夜间更为活跃——它们其实与猫有更多的共同点——也许这就是为什么我们有点像它们。

　　另一个原因是，狗讨厌狐狸。你知道狗经常这样说：我敌人的敌人是我的朋友。

冰　箱

人类有一本书叫作《狮子、女巫和魔衣橱》，这本书和猫非常相关。一开始，狮子是我们的生物家庭的一部分。然后，我们的角色是作为女巫的密友。最后，关于魔衣橱，我们也可以打开这个大型家具的门，进入一个特殊的神奇世界。而现实生活中，它实际上不是一个衣橱，而是放在厨房里的一个很大的白色的物件——人们称之为冰箱。冰箱通向的是食物的世界。

当你的主人打开冰箱门，几乎是一种难以言喻的精神体验，伴随的是天堂般的光芒和猫天使甜蜜的喵喵叫。好吧，我谎称我们是天使，但确实有一道明亮的光线投射在烹熟的鸡肉、火鸡肉、牛肉、火腿、金枪鱼、鲑鱼、沙丁鱼和一大堆美食上。

一天当中，冰箱会被打开很多次。一般情况下，你的主人会拿走一些家常的食物，比如牛奶、碳酸饮料或果汁。他们认为这是一次解渴的机会，而你一定会把它看作一次逃到其他神秘之境的机会。

猫咪聊天

瑞格尔先生：
当冰箱门打开，露出了食物，快抓住机会……尤其是香肠。

满的 VS 空的

　　猫和人类对满的或空的有完全不同的理解，尤其是当涉及食物时。

人类所理解的"空的"：
碗里完全没有食物。

猫所理解的"空的"：
碗里的食物离满不足四分之三。

猫咪聊天

斯纳格慕斯：
是的。对我来说看起来有点空。

毛 球

正如没有一种"优雅的"方式谈论肛腺一样，谈到毛球，也与优雅沾不上边。它也被称为毛团，是我们舔自己的外衣，吞咽下一些毛发之后又吐出来的东西。大部分毛球通过我们的粪便排出来，但一些毛发堆积在我们的腹部，形成了毛团。不久以后，这会让我们不舒服，需要以最快的方式把它们排出来：呕吐。这个动作会让我们感觉舒服多了，还有一个额外的好处就是，它会真的困扰你的主人。

为了利用这个结果，要确保吐出毛球的时候发出听起来像是被《驱魔人》里的帕祖祖附体了一般的声音——并把这一刻留到关键时刻发挥。例如，当你的主人正准备吃饭，当他们正在吃饭，或当他们正在做爱。

当然，你吐出毛球的地点和时间一样重要。

吐毛球的五个最佳地点

· 主人的床边，确切来说，她放置赤脚的范围。
· 昂贵的地毯上。
· 主人的鞋上。
· 主人的另一只鞋上。
· 直到几天后她才能发现毛球的任何地方。

送 礼

据我所知，人类猎人往往会把他们的"战利品"用饰板钉在墙上，或放在玻璃陈列柜中。而我们猫显示狩猎本领是通过把死去的猎物尸体放在房子周围，尤其是放在我们主人的领地，为了让他们更容易找到。

动物行为学家说，我们向人类提供这些"珍贵的战利品"是因为我们把人类视为"家人"，所以想要分享我们的猎物。他们称这个过程为"送礼"。但坦率来讲，他们爱称什么随他们便，我们一点儿不在乎。最终，这是令他们不满的最好的方法之一。

请记住，只有一件事比把一只死老鼠扔在他们的床上更好：那就是扔半只死老鼠。

姜黄色猫

不幸的是，尽管我们生活在开明的时代，当涉及猫的毛色时，仍然会有偏见。如果你是姜黄色，你会明白我的意思。当你沿街一路小跑，你会感到恐惧，因为其他的猫会嘲弄你，他们冲着你喵喵叫，喊你"橙黄色灭草剂""胡萝卜猫""蹩脚的家伙""生锈的坚果""没用的姜片"和"哈里王子"等。

如果你是一只姜黄色猫，别理会这些起哄，翘高尾巴走你的路。发出这些侮辱言辞的猫其实是在疯狂地嫉妒你的毛色，因为你和另一些杰出的姜黄色猫有着一样的毛色，比如《蒂凡尼的早餐》中的那只猫，以及《异形》中的那只……还有……

你看，他们是姜黄色猫的仇敌。你只要不以为意，好吗？

猫咪聊天

雅法：
我受到这么多谩骂，所以我要感谢这张照片是黑白的。

黑暗中会发光的眼睛

你一定注意到，有时你一瞥自己的倒影，会震惊地看到你有一双泛着红色、黄色或绿色光芒的眼睛，这使你像一只猫妖，而不是一个名叫"弗拉菲金丝"的可爱猫咪。

事实上，你并没有被某个猫妖附身。这种超凡脱俗的光芒是由于我们眼球后面有一个特殊的光反射层，从某个角度看上去，它使我们的眼睛看起来实在太惊悚了。

这种光学特点有两个好处：

1. 帮助我们在黑暗中看得更清楚；

2. 吓坏我们的主人。

大自然是不是太神奇了？

金　鱼

狡猾的主人会习惯性地设置一整套障碍，以阻止我们够到这些生物。例如：

· 它们被放在一个有潜在危险的玻璃容器中。

· 容器里充满了水，这令我们反感。

· 容器通常被置于一个我们够不到的高架上（好像我们真够不

到似的）。

他们不明白的是，金鱼重复的运动和它们波光粼粼的小身躯吸引了我们的注意力。当好奇、本能和无视后果混合在一起，什么也无法阻挡我们去够到盛放金鱼的碗或缸。

遭遇金鱼的三个阶段

· 兴趣

· 娱乐

· 金鱼晚餐

猫咪聊天

跳跳虎：
你会游泳，但你无法隐藏……

吃 草

作为猫，我们按本能采取行动。而另一方面，人类总是想得太多。这里有一个很好的例子：他们费劲地揣摩，既然我们主要是食肉动物，为什么喜欢啃食草或其他植被——尤其是我们肚子里没有必要的酶来分解它们。人类思考这个问题已经很多年，却仍然不知道答案。

人类为什么认为我们吃草

· 这是缓解反胃的一个自然的补救措施：草可以使我们吐出任何感到不舒服的东西，比如，鸟骨头或羽毛。

· 为我们提供额外的营养和纤维。

· 它是天然的泻药。

· 弥补膳食不足。

· 这是一种返祖现象。很久以前，我们在野外的废弃物中觅食。

· 这是焦虑的标志。

我们吃草的真实原因

· 我们喜欢草的味道。

美容沙龙

这些地方会有一些可爱的名字，比如，美丽会客厅，猫咪美妆。但它们诱人表面的背后隐瞒了一个事实：猫咪会发现自己置身于某个最可怕的地方。

当你到达那里，不要被欺骗或产生错误的安全感。那里会有一个看上去不错的接待区，有水，还有用诱人的碗盛装的零食，让你感觉自己来到了一个豪华的猫咪酒店。但是，接下来，你的主人会把你交给一个完全陌生的人，你被带到一个充斥着看似非常恐怖的设备的房间，它有点像中世纪的刑讯室，但你接触到的不是拷问台、铁娘子和钳子，而是剪子、解结梳和烘干机。

你被戴上口套，束缚在一个架子上，然后经过一顿修剪，剃毛，再修剪，梳理，直到你险些丧命——最后把你放在一个笼子里，等待取走。

谈到自我修饰，如果这个警告还不能彻底地让你警醒，那我就不知道什么能了！

猫咪聊天

布洛瑟姆：
狮子造型？狮子造型？这到底让我如何找到自尊？

藏身之地

如果你住在一个保持极简主义的房子里——四面都是白墙、廉价的地板、薄纱窗帘——我很同情你，因为那种地方更适合一个僧侣，而不是一个四口之家的生活。极简主义对你的主人来说，意味着家里更有条理性，有更多的自由和更大的空间。对你来说，则意味着更少的藏身之地。

　　藏身之地不只是一个躲避危险的地方，还应是当我们缺乏安全感，可以去放松的地方。没有藏身之地会让我们感到紧张。当我们感到紧张的时候，我们需要找个地方让自己冷静下来。但是，如果我们知道我们没有一个隐蔽的地方，我们会变得更加紧张……瞧，你知道这是怎么回事，对不对？

猫需要藏身之地的十个理由

- 躲避家犬。
- 躲避儿童。
- 躲避吸尘器。
- 保持冷静的地方。
- 或保暖的地方。
- 一个主人无法看到我们的睡觉之地。
- 一个可以思考问题的地方，比如这样的问题："这个家庭并没有充分满足我的需求。我是否应该离开这里，去两条街之外的那个有更多藏身之地的好房子里？"
- 挤在一个狭小的空间让我们感到非常温馨。
- 放置一只半死的老鼠或鸟儿的地方。
- 躲避烟花爆竹的地方。

好的藏身之处 VS 不好的藏身之处

好的藏身之处

· 洗衣篮里面或后面

· 暖气片后面

· 窗帘后面

· 衣柜后面

· 衣柜顶上

· 床或羽绒被下

· 装袜子的抽屉里

（另见"洗衣机"）

不好的藏身之处

· 洗衣机、烘干机、洗碗机、冰箱——厨房里任何很大的白色物件里面

· 汽车下面

· 一只大狗下面

发嘶嘶声

动物发出的许多声音会被误解。对我们来说幸运的是，嘶嘶声不是其中之一。这个声音只意味着一件事：走开。

关于喵星人发嘶嘶声，我想给一点意见。

我喜欢嘶嘶声，它让我觉得自己很重要。我可以在任何时候发出这种声音吗？

你可以，但是就如同人类和他们的誓言，如果你经常发嘶嘶声，它就会失去影响力。应该在你真的想要传递讯息的时候发嘶嘶声。

这个讯息通常是这样的，"离我远点，不然我就用爪子挠你。"

有时我发嘶嘶声，但仍然被忽视。我究竟做错了什么？

好吧，假设你正在发出恰当的嘶嘶声（它应该听起来像是车轮胎迅速地漏气，或一窝蛇发出的声音），你或许没有同时摆出适当的姿态。配合以下至少两个动作，将会突出你的感受：

- 张大嘴
- 拱起后背
- 抽动尾巴
- 压平耳朵
- 吐口水

猫咪聊天

基珀：
我是快乐的，悲伤的，好玩的，好奇的还是愤怒的？值得庆幸的是，嘶嘶声消除了这些猜测。

人类表露情感

不要让任何人类觉得，只要他们想要，就可以宠你。当然，当你挨着他们坐在沙发上，你也许很享受这种感觉，但是太容易会让他们觉得你需要这种感觉。作为"宠爱提供者"，这使他们在人类和猫的关系中处于主导地位。作为一只猫，你必须选择你想要亲密的时间和地点，并通过抵抗甚至是发出嘶嘶声让他们知道现在还不是合适的时间。

记住，耳鬓厮磨、抚摸后背和给肚子挠痒痒，都必须遵照你的原则。

（另见"五秒原则"）

老年人

这些人的年龄比我们大约年长十岁或十多岁。他们作为你的主人，会让你喜忧参半。

优　点
他们真的很宠我们。

缺 点

他们真的放屁……而我们得到指责。

年轻人

又称儿童，他们等同于我们的小猫。与他们同住一屋有其缺点，但也有一个主要的好处。

缺 点

· 他们把我们抱得太紧。

· 他们在我们试图吃东西的时候爱抚我们。

· 他们用错误的方式抚摸我们的皮毛。

· 他们拽我们的尾巴。

· 他们在我们背后发出嘶嘶声，还冲我们喵喵叫。

· 他们玩我们的玩具。

· 他们坐在我们觉得温暖的地方。

· 他们试图坐在我们的背上，并且大喊："霍西！霍西！"

优　点

你不会挨饿：他们的手眼协调能力很差，经常把食物掉落在地板上。

独　立

猫或许有很多特点——目空一切，妄自尊大，傲慢骄矜——但我们绝不黏人。我们是自己的主人。我们依赖于人类的唯一的事情就是食物（还有就是打强化针。但是关于这件事，说得越少越好）。猫用活板门的发明，使我们可以随意来来去去。我们自我梳理，不觉得有必要在门旁或窗口等待主人回家的那一刻，以过量的热情让主人难以招架。

你知道有一部电影叫《一猫二狗三分亲》，讲述一只暹罗猫，一只拉布拉多犬和一只牛头梗横跨250英里加拿大荒野，结伴返回家园的故事吗？那只暹罗猫凭自己的能力很容易实现目标。而狗只是在试映后为了增加影片的人物而添加进去的角色。

接种疫苗

猫传染性肠炎，猫披衣菌感染，猫白血病病毒——我不知道有什么比听到这些疾病及其影响更糟糕的事了。

幸运的是，医学的进步意味着这些疾病是可以预防的。不幸的是，我们预防这些疾病的方法是通过兽医使用一个称之为注射器的东西。这个注射器里面含有人类所说的疫苗。这是好事。注射器还包含一个很尖的针头。这是非常糟糕的。

亲 吻

人类认为，我们用嘴和鼻子蹭他们的脸，等同于亲吻。他们上当了！

只有当他们嘴周围仍有美味的残余，我们才会这么做。肉汁、油炸鱼丁、番茄酱或腌鱼都是我们眼里的美味。只要他们继续认为这是爱的象征，而不是我们想品尝薄荷味牙膏残留的诱人味道，你就可以继续接受款待。

不要阻止他们相信。

猫咪聊天

杏子：
这不是爱，而是为了蹭你下巴上残留的熏肉油。

大 腿

　　不管你是什么品种（当然，只要你不是太胖），几乎可以肯定的是，你要足够娇小，以便于蜷缩成一团躺在主人的大腿上，享受这个舒适位置的温暖和安全。不过，必要的是，你要用尽猫科动物的所有本能来决定一跃而起坐上去的最佳时机。

　　这个时机始终是你的主人想要起身之前的五秒钟。

激光指示器

　　只需要一个廉价的激光笔和一个平面，你立刻就会被一个舞动的红点迷住，不断地伸出爪子去追，并在房间的各个角落和窗帘上追逐。

　　自从 20 世纪 50 年代末激光器发明以来，它已经影响了人类生活的许多领域：天文、制造业、娱乐业、医疗、战争、消费类电子产品——而现在，它似乎在折磨猫。

被摆成狮子王的姿态

迪士尼负有相当大的责任。我不是说猫已经在各种电影中被定型——《蜜斯与地痞》中那些令人毛骨悚然的暹罗猫，或《猫儿历险记》中那些街头小巷的野猫——这就是艺术模仿生活。他们强加给我们的最邪恶的罪行是《狮子王》。

人类似乎无法区分家猫和狮子，似乎在把我们高高地举在空中，并高声唱"生生不息"（"狮子王"的主题曲）的过程中找到了重要的幽默来源。

如果你的家里有人叫你辛巴或开始用祖鲁语唱歌，或同时做这两件事，你要保持警惕。

猫砂盆

公然大小便？拜托，我们不是野蛮人。

我们不像狗那样，认为门外的所有地方都是厕所。我们用充满了一种颗粒状材料的便盆，它不仅可以吸收我们的大小便，还可以吸纳大小便发出的气味。这非常不错，假如我们能按发明猫砂盆的人预期的方式去使用它，我们和人类之间就能维持和谐。然而，并不是所有的猫砂盆都是同样的。

猫砂的质量和感觉可以有很大的不同——有的类似于细木屑，有的从外观和感觉上像是煤块。必须要坐在猫砂上大小便吗？你的主人不会对此表示感谢。所以，如果你觉得猫砂太粗糙或凹凸不平，就用爪子把那些令你不愉快的物质拨到地板上，然后在旁边大便。人类会以令你惊讶的速度迅速发现。

猫砂盆外面散发出恶臭：关于猫砂该做什么和不该做什么

· 不要把猫砂盆和书信保存盒搞混淆。这会导致你被大声呵斥。

· 不要认为孩子的沙坑（体育运动或游戏用的）是一个巨大的猫砂盆。这样做的后果与上面相同。

· 一定要确保猫砂盆在室内正确放置。你一定听说过猫风水，太多的负面能量会使你排便不畅。

· 假装你是在海滩上，这样会使排便更有趣。

· 确保没有人注视。排便不应该拥有观众。

· 切勿把水槽作为猫砂盆的替代物。相信我，不要这样做。

猫咪聊天
明卡:
嘿! 请让我保留一点儿隐私。

躺在东西上

　　有人说, 如果把一张纸放在足球场的中间, 猫就会去躺在那张纸上。虽然这听上去有点儿夸张(不过, 一只猫在足球场上能做什么? 我们讨厌有组织的体育活动), 还是蕴含了一定的道理。书籍, 报纸, 重要的信件, 毛巾, 电脑键盘, 汽车钥匙, 衣物——当你的主人在寻找它们或试图使用它们的时候, 你可能已经躺在它们上面了。

　　动物心理学家认为, 我们这样做是因为想要寻求主人的关注。事实上, 我们这样做, 是因为我们知道这会惹恼主人。

猫咪聊天

赫克托:

现在，我惹恼你了吗?

Cat

铺　床

你可能不知道这个说法，但你认得出这个动作；这是当你的主人撤走旧床单、棉被、毛毯或羽绒被，并用新的东西替换它们的日子。这也是你决定通过钻进被窝来阻挠他们的一天。

螨病

当谈到这种由螨虫引起的尴尬的皮肤状况，你应该希望两件事情：

1. 你的主人尽快带你去处理。

2. 他们仅称其为螨病，而不是另一个更损坏声誉的名字——疥疮。

（另见"跳蚤、虱子、螨虫和蜱虫"）

标记你的领地

和狗一样，标记我们的领地，过程非常直截了当。你所需要做的就是通过喷尿来指定一个地方。这很容易。其实是撒尿很容易。

在做了绝育手术之后，通过喷尿来标记领地就不灵验了（反正这通常是公猫的事情），但是，你留下尿液的气味意味着附近其他猫知道那块区域是你的。花园里从天井到一大片玫瑰花丛的那片区域？只需要翘起尾巴喷尿。从车道的尽头到灯柱的那片区域？只需要翘起尾巴喷尿。

只有两个限制因素决定你可以拥有多少领地。第一个因素是你的想象力，第二个是你的膀胱的容量。

把家具作为领地

你的领地并不一定是房子外面的空间。它可以是你最喜欢的椅子、沙发，或者你主人的床，没有人在家的时候，你会躺在主人的床上。在这些情况下，通过在家具上喷尿来标记领地是不可取的。相反，用你的额头、面颊和下巴在你喜欢的家具上蹭，以此把你的自然气息转移到它们上面。你的主人会更欣赏这种方法。

（另见"领地"）

交　配

如果你不知道该怎么做，我的建议是：不要担心。

当这一刻来临时，作为一只猫，你会发现这个行为是非常自然的，而且与人类交配的方式相比，我们的交配完全不复杂。

典型的人类交配仪式涉及	典型的猫科动物交配仪式涉及
酒精 摸索 失望 困窘 遗憾 相互指责 愤怒	雌猫只需要展示她翘高的后臀，呃……就是这样

喵喵叫

谈到与人类的沟通，至关重要的是，他们要理解猫科动物语言的细微差别。这意味着教育他们，使他们不仅能够正确理解喵喵叫或嚎叫的含义，还能明白音调和节奏的变化。使人类了解这些微妙之处，对他们来说是很大的挑战。因此，帮助他们了解我们想要表达的意思的最好方式是——我们说话的方式要保持一致。

还有很多要点需要记住，这就是我记下物种之间沟通的这些笔记的原因。

与猫沟通的方便指南

声音	当你使用它	对人类而言意味着……
呜呜声	当你感到满足，却想传达矛盾而不是满意的情绪	没兴趣或无聊
喵喵叫（中音）	当你想要东西的时候通用的声音	给我食物／让我出去／让我进来／给我更多食物
唧唧声和吱喳声（短而高的音调，听上去介于呜呜声和喵喵叫之间）	当你想要吸引关注	看我！看我！看我！看我！我的意思是现在看我——而不是五秒之后！
颤音	当你对某物感到好奇	啊？
发出婴儿般的叫声	当你想要某样东西或某人	什么意思？过来！

发出像叫春的声音	当你发情并想要吸引公猫的时候	嘿,性感的家伙!如果我说你有漂亮的皮毛,你会抱紧我吗?
喵喵叫(低音)	当你不开心或感到委屈	新出现的那些片状金枪鱼粪便是怎么回事?立刻让它滚出我的视线!
喵喵叫(高音)	突然感到疼痛	松开我的尾巴!你这白痴!
喵—喵—喵—喵!(持久地喵喵叫)	当你被惹恼或对某事表示反对	搞什么名堂!
咆哮	当你捍卫自己的领地	滚出我的领地!
发嘶嘶声	当你准备用爪子发出重重的一击或狠狠地用嘴撕咬	那就来吧,如果你觉得你足够硬汉!
哀嚎	当你真的吓坏了	该死的戴森!
大声叫喊	当你感到压力、困惑和害怕	帮帮我!

重要提示:只要你发出声音,准备接受以下反应。

你:喵……喵……喵……喵。

人类:好的,好的,我知道……我知道……

老 鼠

这些小型啮齿动物的身上兼具猫最喜欢的两样东西——玩具和食物。回顾《汤姆和杰瑞》（又译猫和老鼠）、《痒痒鼠与抓抓猫》这两部动画片，出于保护粮仓的目的，猫和老鼠之间总是无休止地争斗。作为猫的生态系统的重要组成部分，我们捉老鼠并用爪子把它们从一边扔到另一边，然后随心所欲地玩弄它们，最终杀死它们有三个原因：

1. 为了运动。
2. 为了食物。
3. 因为我们有能力这么做。

捕杀老鼠：常见问题解答

老鼠真的那么容易被杀？

作为无法飞行的小动物，表面看来，老鼠是容易捕杀的猎物。但请记住，逼急了的老鼠不怕失去任何东西（除了生命），因此它们可以变得非常恶毒。这些小动物有很锋利的爪子，它们的大门牙真的极具杀伤力。我想说的是，千万不要低估你的敌人（我不是说让你尊重你的敌人，因为它们只是老鼠而已……你知道我的意思）。

在杀死老鼠之前，必须先玩弄它吗？

是的。在痛下杀手之前把老鼠玩弄到筋疲力尽很重要。如果未能成功地做到这一点，意味着老鼠处在它最坚强的状态，而且很可能会反击，或者更糟的是逃跑。没有人想背负这样的耻辱——让一只走投无路的老鼠逃跑了！如果你让这种事情发生，你会永远被称为"那只"猫。

我需要吃掉杀死的老鼠吗？

完全不需要。通常情况下，满足感来自追逐的快感，吃老鼠肉只是锦上添花。但它显然不是蛋糕，而是一只死去的啮齿动物。

把一只死老鼠扔在我主人的门口合适吗？

没问题。如果你把它扔在主人的床下或床上，甚至更好。最好的是放在被窝里。

我应该吃老鼠的尾巴吗？我听说很像意大利面条。

我想你一定听错了。

猫咪聊天

斯莫基：
猫和老鼠？那绝对是你死我活的世界……

（另见"送礼"）

微芯片

很多喵星人在很小的时候，皮肤下面就被植入了一枚微芯片。我指的是在你的肩胛骨之间的皮肤下面插入一根很大的针。芯片一旦被植入进去，你也就接受了。这样做的好处是，如果你被发现在流浪，那么动物庇护所或兽医可以搜索到你的踪迹，然后让你和主人团聚。缺点是你不可能像《谍影重重》里的特工杰森·伯恩那样玩失踪。

正所谓有得必有失。

午夜奔跑

现在是午夜。房子里的每个人都已经熟睡了，外面唯一的声音是叶子在温柔的夜风中轻轻摇曳发出的响声。只有一件事可以做：以最快的速度从房子的一端跑到另一端，尽可能大地制造噪声。

人类在这一点上讨厌我们，但归根结底还是他们的错。被家养意味着我们在白天可以睡上大半天，当我们躺在沙发上，不用担忧鹰或狐狸的袭击，其结果是，当你的主人熟睡的时候，你是清醒的，而且精力充沛——所以像疯子一样到处乱跑是释放过多能量的好办法。我在这里说的"好"，其实是指"烦人且具有破坏性的"。

午夜奔跑期间要做的十件事

1. 从后门跑到前门，再原路返回。

2. 重复上述行为。

3. 跳上厨房台面。

4. 把台面上的瓶瓶罐罐打落到地上。

5. 从台面往下跳。

6. 跑进走廊，毫无目标地一阵乱扑。

7. 从前门跑到后门。

8. 重复第六件事。

9. 重复第七件事。

10. 重复第六件事。

猫咪聊天

浮士德：
我在午夜奔跑的区域？难道你看不出来？

请注意

午夜奔跑不一定要发生在午夜。事实上，在凌晨
三四点奔跑更有趣。

名　字

当涉及名字时，人类坚持给我们取的名字可归到下面五个类别
当中。

1. 一般性的美好的事物

2. 与外表相关

3. 过于高贵

4. 悼念某个名人（他们眼中的）

5. 只是另类

如果你的名字准确地总结了你的性格、外观或血统，比如笑脸、
绒毛或蓝道夫，那没有问题。但是，当你的主人给你取了一个他认
为真的很有趣或可爱的名字，而实际上显然并不如此，问题就来了。

此时，喵星人该怎么做？可悲的是，可做的不是很多。当然，
你可以直截了当地拒绝对那个名字做出回应，但是这可能会严重限
制你收到零食和含有猫薄荷的玩具的机会。唯一的选择是要学会接
受它。对于我们来说不幸的是，正如俗话所说，"你可以选择在哪
里撒尿，但你无法选择你的名字。"

人类给取的五种类型的猫名

一般性的美好的事物	与外表相关	过于高贵	悼念某个名人	只是另类
夏天 蛋糕 基吉 贝拉 莫莉 贾斯 天使 萨米 洛基 南瓜 塔克 杰克 费利克斯 滑板车 土匪 幸运儿	护林熊 小雌鹿 琥珀 手套 袜子 可可 肉汁 无瑕 肉桂 薄雾 加菲猫	大王 嘘夫人 布冯 裘皮大衣 呜呜先生	凯特·斯蒂文斯 辛蒂·克劳馥 莱昂内尔 奥利维娅·纽顿-约翰 玛利亚·艾里 查尔斯·狄更斯 了不起的盖茨比	布赖恩 戴夫 特伦斯

猫咪聊天

马丁：

我很讨厌我的名字。马丁应该是一个泥水匠或安装厨房设备的那类人，而不是纯种俄罗斯蓝猫的名字。

喵主席：

是的，我有一个很白痴的名字，但总的来说，我真的不关心自己被唤作什么，只要有人召唤我吃饭。

遇到依赖你的主人……

作为高度独立的动物，我们喜爱自己的空间。但有些人，尤其是三十五岁以上的单身女性，会和我们形成一种令人不安的亲密关系。当然，她们会给我们很多宠爱，包括揉我们的肚子，拥抱，爱抚，但一段时间后，这种亲密关系会让你感到透不过气来。这就是为什么当你听到任何一句下面这些话语就要躲得远远的原因。

当主人这样说，表明她们依赖你

· 你这么懂我，仿佛你能读懂我的心思。
· 拥有你，谁还需要男朋友？
· 我爱你！（用婴儿般的声音对你说）
· 我昨晚梦到你了。
· 我不能想象没有你的生活。

当主人这样说，表明她们极度依赖你

· 让我们一起私奔和结婚吧！

阉　割

这部分是对公猫而言的。雌猫应该看切除卵巢。

"阉割（neutered）"这个词听上去无伤大雅，它的拼写很像"中立（neutral）"——你知道，这个词的意思是"不介入或无动于衷"。然而，在现实生活中，事实并非如此。当你发现阉割的过程意味着切除你的睾丸（是的，两个睾丸都包括），你无法不介入，而且你绝对不会无动于衷！

这个手术有其优点。它意味着你不会当任何你并不想要的小猫的爸爸，也有助于预防癌症和前列腺的问题。缺点是该手术涉及一些尖锐的东西在你的生殖器附近游移。如果我告诉你更多，你会离家出走。

阉割手术更令人不安的一方面

如果有人在没有你签署同意书的情况下处置你的生殖器，还不足以令你心烦意乱，那么考虑这一点：为了阻止你舔伤口，你可能会佩戴上耻辱锥帽。这通常比经历阉割手术的整个过程更令人痛心。

手术后该做什么？

1. 充足的休息。

2. 练习同时能表达出四种情绪——屈从、痛苦、愤怒和怨恨——的表情。这会让你的主人给你额外的关爱。更重要的是，给你额外的零食。

3. 尽可能长时间地执行第二点，至少要等到你的主人逐渐明白你可能是假装的为止。

猫咪聊天

鲁弗斯：
是的，我刚刚被阉割。是不是我的笑容泄露了这个秘密？

九条命

像大多数计算结果那样，这里存在一个统计误差。我们有九条命这种说法纯属无稽之谈，虽然狗故意制造假消息，给我们灌输一种虚假的自信心，而且给我们贴上酷爱鲁莽行事的标签。当我们坠落的时候，四脚着地是真的，但这并不代表我们有与生俱来的欺骗死亡的能力；这正是人类所谓的"翻正反射"。同样，虽然我们的灵活性、良好的平衡力和跨越长距离的能力意味着我们经常可以逃脱危险，但我们并非长生不死。

猫咪聊天

波波：

我，担心吗？不会！我总是四脚着地。

（另见"黄油猫悖论"）

一步规则

　　这一点对你来说和盯得人类不敢对视下去或一天 75% 的时间都在睡觉一样自然。如果你还没有做到这一点，那么你需要马上学会。一步规则是人猫关系的主要内容，而且非常易于学习和实践。当你在家里陪伴人类，一定要确保走在他们前面，距离他们只有恼人的一步。

　　尤其是下楼梯的时候。

（另见"楼梯"）

把饰品当冰球

这是喵星人最喜欢的游戏之一。永远如此。更让人高兴的是，你不需要在湿滑而寒冷的冰上玩耍，你也不必费心像防守区域、越位或双重小罚这类无聊的事情，你只需要记住的是，在这个游戏中，饰品是冰球，而滑冰场是任何光滑的表面，如桌面、壁炉架或搁板上。

游戏目标

用你的爪子把饰品从一边拨拉到另一边，让其从台面的一侧滚到另一侧。最后，掉到地板上。

规　　则

不要被看见（这其实不是真正的规则，只是建议）。

笔

有一句俗语说道,"笔尖胜过干戈"。这在某些情况下可能是对的,但笔绝对不会比爪子强大。当人类握笔的时候,你必须抓住机会:与笔对抗的机会,甚至把笔从人的手里夺走。即使是短时间地这么做,也会提醒你的主人为什么他们通常会用打字代替用笔写字。

猫咪聊天

哈里:
我知道你在想什么:"我要不要拿起笔开始写?"哼哼,你应该问自己一个问题:"我是幸运的吗?" 快点去做,年轻人,无知的年轻人。

宠物摄像头

动物保护者乔治·奥威尔如果能活着看到这些微型摄像机(有时还带有麦克风)被用来密切关注我们的一举一动,那么他一定会养一只小猫。主人们把这些设备战略性地放置在家里,以便于当他们外出的时候，可以留意到我们——他们错误地以为（更确切地说是希望）某天他们会打开摄像头，看我们穿衣服和用两条腿满屋子上蹿下跳。

宠物摄像头通常被置于一个高架子或壁炉上方，可以尽览沙发、我们的床或我们最喜欢的椅子。对付它最好的方法就是不要爬上去把它打翻（尽管不可否认，这样做会相当令人满意）；相反，你应该利用它的存在。方法是，每当你的主人正在看你的时候，你一定要调皮捣蛋（你可以分辨，因为摄像头上的灯光会闪烁）。

当你知道自己正在被拍摄，如何给你的主人制造焦虑

A. 四仰八叉地躺在地上，腿伸向空中，屏住呼吸，使你看起来就像要奔向空中那美好的猫舍。

B. 下蹲并伸展你的后腿，使你看上去像要撒尿。

C. 脸部远离摄像头，发出作呕的声音，假装咳出一个缠结的毛团。

D. 向你的主人展示，即使平坦的垂直平面——比如新装修的客厅的壁纸——也是你的领地。爬到墙上，翘起尾巴和后腿，假装要喷尿。

E. 回到摄像头面前，对着镜头站在你的"特殊位置"。待在那里，不管发生什么事，直到你的主人感到厌烦或恶心。

钢 琴

　　除了在干净的被褥上留下泥泞的爪印或在木制的桌子腿上留下刮擦的痕迹，在钢琴键盘上来来回回地行走也是我们有创意地表达自己的一种方式。正如约翰·塞巴斯蒂安·巴赫在他的有生之年没有被视为一名作曲家，人类真的不明白我们正在创造一首经过深思熟虑的音乐作品。他们认为我们只是随机地按下琴键，制造混乱而喧闹的音符。他们显然误以为我们是呛女生合唱团（一支英国乐队）。

猫咪聊天

米塞特罗：
一块板子上有三个八度音阶？是真的吗？只有八英寸的距离，却并不容易够到！

植　物

　　当我们用爪子挠、撕、粉碎、磨损或吃主人养的珍贵植物时，主人会变得很心烦和恼火，却忘记了猫科动物与植物的关系规则：房子里可以有一只猫或植物，但不能同时拥有二者。

猫咪聊天

金博：
我来到这里，就会变成这个样子……

拉大提琴

　　这是一个关于猫的俚语。这个行为是指当你在主人面前，最好是当着他们的客人的面，把后腿高高地抬到脑袋后面，舔你的"特殊部位"。为了最大限度地令他们感到尴尬和不适，你最好在有以下几类人在场的时候表演"拉大提琴"：

    A. 潜在的合作伙伴

    B. 他们的姻亲

    C. 他们的老板

    D. 一位宗教领袖

记住，这个姿势也被称为提供"晚餐和表演"。

猫咪聊天

精灵：
拉大提琴？好吧，我是喵星人音乐家。

与人类玩耍

    无论是充满挑衅意味地把鼠标放在你面前，抱着你直立起身子并试图让你两条腿走路，或是用你的爪子抚摸他们自己的脸，人类忘了每一个试图跟你玩耍的企图最终只会以下面三种方式之一结束：

    · 他们被咬伤。

· 他们被划伤。

· 以上两种都包括。

无论他们以某种形式与我们玩耍多少次，他们似乎从来没有悟到一个真理，"没有玩耍，就没有痛苦"。

猫咪聊天

贾斯珀：
你可以揉我的肚子，但只能五次，否则我就挠你。

（另见"揉摸肚皮的陷阱"）

掩埋粪便

如果你需要一个例子说明为什么我们比我们的犬类同胞更文明，那么只需要一个事实就可以证明：狗掩埋骨头，猫掩埋粪便。

但这不只是为了更清洁或甚至是表现出基本的礼貌，而是更开化

和更文明的体现。如果你认为仅仅是不掩埋粪便不足以说明狗不文明，那么当它们排便之后，把路边的石头或青草当作卫生纸该如何解释？

真是令人难以置信。它们不是动物，它们是野蛮一族。

狂犬病

很多猫如今仍然害怕狂犬病，主要是出于无知。虽然这种疾病在发达国家已经基本被禁绝，但关于它的许多谬见仍然存在。比如，"你可以通过与另一只猫分享一只饭碗而得病"或"我是一只姜黄色的公猫，所以我不会得这个病"。所以，我想我最好还是写出来以正视听。

关于狂犬病的真相

· 只有被携带狂犬病毒的哺乳动物咬伤，才会患上狂犬病。被家里任性的小猫调皮地咬伤，应该只被看作是恼人的尴尬，而不是必然的死刑。

· 过度兴奋不是患上狂犬病的必然症状。有可能是因为你的主人已经决定针织东西。

· 同样，口吐白沫可能并不意味着感染。有可能是因为你有点运动过量而导致胃部不适，或咀嚼牙膏管所致。

· 任何猫都可以染上狂犬病，不论品种。即便你叫塔蒂亚娜·仙女·杜斯特·华丽宝贝，并获得至尊猫展的总冠军，也不会因此免疫。

· 毫无预兆地咬人，并不意味着你已经患上狂犬病。这可能只是意味着你很调皮。

关于狂犬病，你需要了解三件事

· 它是一种会影响你的大脑和中枢神经系统的病毒。
· 它通常是致命的。
· 你真的不想患上此病。

雨

它是天空中落下来的水，会淋湿我们，让我们感到恼火。有时，你从后门出去，此时下雨了，于是你穿过房子来到前门，结果发现前门也在下雨。这是你的主人的错。

磨 蹭

　　当谈到用我们的身体、脸或爪子磨蹭人类，一定要确保尊重所谓的"肤色相反原则"，即深色毛发的猫应该只磨蹭穿浅色衣服的人类，反之亦然。

埃尔温·薛定谔

薛定谔是广为人知的量子物理学家，但他同时也是一个坏人，而且是一个极坏的人。我告诉你，与一只盛装着毒药的瓶子、少量放射性物质，以及一个盖革计数器一同锁在一只盒子里的猫不会有什么好结果。

如果你曾经接近过科学家，只要记住"薛定谔的猫"实验不是一个悖论，这是它被称为动物福利的理由。任何让你既活又死的环境永远不会有好下场。

挨 骂

用爪子挠抓家具，把半死的鸟带进家里，跳上桌子，把饰品打翻到地上……人类对这类行为表现出的无奈从未停止给我带来惊喜。我们是猫。这就是我们爱干的事。我想说的是：对挨主人的骂做好准备。当发生这种情况，你一定要按以下步骤做出反应。

步骤1：跑开。

步骤2：在大约六英尺远的地方停下来，然后转身面对他们。

步骤3：凝视他们。

他们最恨你这样。

挠刮柱子

你在房子里已经有很好的机会：挠抓覆盖着质地粗糙的材料、有坚固基础的短粗柱子。你的主人想告诉你的是，在旧地毯或楼梯踏步梁上磨爪子所获得的满足感与在椅子腿或沙发侧面磨爪子获得的满足感一样多。

他们在撒谎。

猫咪聊天
米奇：
挠刮柱子。
椅子。
半斤八两。

别 居

与人类不同，他们可以在佛罗里达州、普罗旺斯或西班牙阳光海岸拥有别居，而我们的别居通常非常接近我们所居住的房子。它们可以在拐角处，在同一条街上，甚至可以在隔着两扇门的不远处。从本质上讲，它们是当主人工作时我们可以去的温暖地方，一个我们感到受欢迎的地方，但更重要的是，能给我们提供额外餐食的地方。对于猫来说更好的是，关于我们拥有多少别居没有限制。

四份早餐，没谁了！

自我修饰：常见问题解答

如果你发现自己一天中三分之一的时间都在自我修饰，不要担心。这是自然的，并不意味着你有强迫症。它只意味着你很在意个人卫生和身体健康。记住，如果你已经开始注意到你闻起来像一只被淋湿的狗，那么其他的猫也是如此。

应该为自我修饰设定例行程序吗？

不用——有时混搭的效果更好。比如，你可以今天舔你的肩膀、前腿、后腿、侧面、尾巴和生殖器——明天则从舔你的侧面开始，然后过渡到你的后腿、尾巴、生殖器、前腿和肩膀。或者你可以从舔尾巴作为开始。变化是生活的调味品！

我是一只年老的公猫，我担心过多的自我修饰会显得有些女人气。

曾经有一段时间，当一只公猫花太长时间自我修饰，会遭到蔑视、嘲笑、辱骂，有时甚至要忍受欺凌。值得庆幸的是，在这个开明的时代，公猫像母猫那样尽可能多地关注和重视自我修饰也是可以接受的。

一只不修边幅，邋里邋遢的猫可能是病猫，是真的吗？

也许。或者这只意味着这只猫是个大懒虫。

我有一个毛茸茸的背部，因此很担心这会令母猫倒胃口。我是否应该多在树上蹭一蹭，使毛发变少一些？

不需要。你是猫。猫的全身就是覆盖着毛，它不会影响你交配的机会。忘了它。

分离焦虑症

你的主人从家里消失了一段时间，这是猫和人类关系中很自然的一部分。他们可能离开几分钟（最有可能的是去蹲马桶），也有可能离开几天（最有可能的是去晒日光浴）。

动物心理学家早就在思考猫是否会受到他们所谓的分离焦虑症的影响。答案是什么？

别逗了。

猫咪聊天

波波：

我的主人已经离开了四个小时。太好了！

鞋 带

这些棉质、皮革或合成纤维制成的短绳之所以存在，有两个原因：

原因 1：你的主人绑紧鞋子的一种手段。

原因 2：猫的特殊游戏。目标是当你的主人迫切想要离开家的时候，你用爪子或牙齿把它们绑在一起。

猫咪聊天

乔吉：

我真的，真的很讨厌的一件事……是双结。

鞋 子

懒汉鞋、运动鞋、靴子、高跟鞋、拖鞋、人字拖、鹿皮鞋和凉鞋，尽管质地和品味各不相同……却都充满了鞋子特有的美味。咀嚼一只穿旧了的露跟女鞋的感觉，就像你死后上了猫的天堂。然而，问题源于人类对鞋子有着不合逻辑的依附感。由于我们不穿它们，就很难明白当我们"残害"鞋子的时候，主人为什么那么生气。这就是为什么当你打算咀嚼鞋子，你必须确保在咀嚼完之后要隐藏证据。

猫咪聊天

利尔·明克斯：
有一件事比鞋子更好。
那就是鞋盒。

另见"咀嚼"。

睡 觉

　　很难准确地说你应该睡多长时间，因为这涉及许多因素：你的年龄，你的品种，你的健康，你的饮食和你所处的环境。虽然每只猫的情况都不一样，但通常来讲，你会发现你每天睡12~16个小时。有趣的是，无论我们睡多久，没有人会有更多的想法。大家都接受的是："她是一只猫，猫就是这样的。"

　　然而对于人类来说，这是完全不同的。如果你的主人在你睡觉的那段时间无所事事，这说明他要么是学生，要么是在地方政府就职的公务员。

猫咪聊天

柯步思：
我们为什么睡那么多觉？没有人知道。
管它呢？只要尽情享受这美好的时光。

（另见"小憩"）

切除卵巢

这部分是对雌猫而言。公猫应该看阉割。

切除卵巢和阉割都属于绝育手术，虽然这涉及手术和全身麻醉，我可以很权威地告诉你，比起睾丸，忘记你拥有卵巢和子宫更容易。

切除卵巢的优点	切除卵巢的缺点
· 你不用再经历发情期的循环和相应的荷尔蒙骚动。 · 你不必忍受一大堆欲火难耐的公猫对你投来的不必要的关注。 · 不用怀孕，也不容易患上传染病。 · 降低患乳腺癌的可能性。 · 寿命更长，更健康。	· 手术后，你至少十天不能去外面。这意味着至少十天要被迫接受日间电视节目。

喷雾器 / 喷水壶 / 水枪

相比狗，相比那些太起劲宠你的小孩，相比争夺你的注意力的可爱宝宝，这些阴险的玩意才是你真正的敌人。很多所谓的"猫咪保健"类书籍建议主人应该把喷雾器或喷水壶作为训练我们的手段，以说服我们停止他们认为的"坏习惯"。

他们称之为"行为矫正术"。我们的回应是："如果你不停止喷我，我会用我的爪子划进你脆弱的皮肤，让你了解负强化的真正含义。"

楼　梯

除了"一步规则"，当在你的主人前面下楼，一定要记得突然随机地停下来舔自己。这是非常有趣的。反正对你来说是这样。

（另见"一步规则"）

凝　视

出于某种原因，很多人在猫周围都感到不自在。也许是因为我们与巫婆和巫术有某种联系，或是因为当我们在房子里无声而诡异地行走时展示了某种隐形般的特质。总之，令人类感到不安和发怵的头号方法是定定地凝视他们，而且在这么长的时间里，你看上去不只是在定睛凝视他们——你其实是在透视他们的灵魂。

让你的主人更怕你的两种方法

1. 凝视，但目光越过主人去看他肩膀上方的某个无形的东西。

2. 跑进走廊，突然瞪着前门（为增强效果，开始发出嘶嘶声）。在这两种情况下，你必须给人类的印象是，你绝对可以看到他们看不到的东西。

猫咪聊天

左尔塔：
看着我的眼睛……看着我的眼睛……你
感到昏昏欲睡……但在给我第二份晚餐
之前不要打瞌睡。

（另见"黑暗中会发光的眼睛"）

陌生人

作为一只猫，当有陌生人来到家里时，你不应该过分兴奋。为什么？因为他们是否比你更重要是非常值得怀疑的。

别具一格

猫要学会的一个重要功课之一是，记住要让你犯的任何错误看起来都像是故意的。

无论是由于判断失误从椅子跃到窗台再不慎掉到地上，或跑进房间在复合地板上因打滑而一头撞向桌子腿，你要掩饰自己的痛苦并耸耸肩，做出一副"当然了，我是故意这么做的"的表情。记住，我们是一个非常高傲的物种，绝不能承认自己判断失误。

躺在阳光下

　　猫不会晒黑，并不意味着我们不喜欢阳光。这就是为什么只要给我们一点点机会，你会发现我们躺在走廊、后门或庭院里享受阳光。

　　不过，我们对阴凉处的喜爱不亚于阳光。

在夏季度过上午时光的典型方式

步骤 1：躺在阳光下

步骤 2：让体温变得很高

步骤 3：寻找阴凉处

步骤 4：让体温降下来

步骤 5：重复步骤 1~5，直到晚饭时间

记住：变得暖和的一个很好的方式是躺在路上。马路黑色的表面不仅能真正吸收热量，变得暖和舒适，而且它能使我们给不得不放慢速度避开我们的汽车司机一个满意的"滚蛋"表情。

尾 巴

你的猫同胞们能够通过你尾巴的不同动作理解和领会你的感受，无论是翘起尾巴，尾巴的末端略微弯曲，偏向一边，嗖嗖地摆动，降低，直立，在后腿之间来回摆动或蜷缩在身体周围，都是如此。他们还能识别我们身体的位置，甚至连我们如何通过摆动耳朵增加难以捉摸的感觉都很了解。

人类却不了解。他们根本不知道每一个动作意味着什么，还以为我们的行为方式如狗一样。拜托！我们是非常非常高级的动物，尾巴的每一次抽动都能够显示很多细微差别。当狗摇尾巴，你通常

知道它是开心的。我们做同样的事情，可能意味着我们感到痛苦、沮丧、被侵犯、兴奋、好奇或烦恼。有时，几种情绪一连串地袭来。

由于这种混乱，当你想和人类沟通的时候，最好避免依赖尾巴的动作，相反，请用久经考验的发声方法。

记住，一个嘶嘶声抵得上一千次摇尾巴。

人类认为我们拥有尾巴的三个理由

1. 传达各种情绪。
2. 在跑步和转弯的时候保持平衡。
3. 散播我们的信息素。

猫咪聊天

蒙戈：

扁平的耳朵和翘起的尾巴。难道我的意思是"我需要关注。请宠我"或"我很生气。情绪糟透了"？如果你猜对了，一定很有趣。

另见"喵喵叫"。

我们拥有尾巴的三个真正的理由

1. 当我们无聊的时候，可以追逐它玩耍。
2. 把放在高处的装饰品打翻在地上。
3. 可以响亮而有力地抽打我们的主人。

电　视

　　当你的主人把你独自留在屋子里待很长一段时间，你知道怎么看得出他们感到内疚吗？

　　他们会让电视开着。

　　他们大费周章地选择合适的频道，调整音量和亮度。但他们无法理解的是，当他们外出的时候，我们对看电视完全没有兴趣，甚至当他们在家的时候，我们也没有兴趣。原因很简单，并不是因为我们的色觉差，也不是因为我们猫科动物的大脑按照不同的帧速率处理图像，而是因为完全没有任何值得看的节目。

猫咪聊天

马洛：

570 个频道，但没什么好看的……

领　地

　　"领地"的整个概念并不难理解。简单来说，它是你认为属于你，并且只属于你的区域。我在这里说只属于你，但客观事实是你通常不得不与你的主人以及他的直系亲属共享这块区域。这可以追溯到千百年前当我们被人类驯化的那个时候。我们帮助他们保护丰收的粮食免受啮齿动物的偷吃，他们给我们提供食物和住所。现在，我们不能摆脱他们。

　　关于领地，你只需要做两件事情：

　　1. 标记它。

　　2. 保护它免受侵入者的进驻。

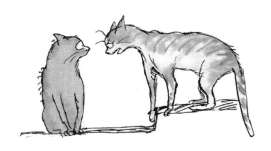

侵入者

　　侵入者有许多形态和形式。户外的侵入者可能是鸟、松鼠或狐狸。室内的侵入者通常意味着陌生人和陌生人带来的动物（比如，你主人的朋友带来的那只喜欢叫嚷的约克郡犬）。如果你不能保护你的领地免受这些闯入者的侵入，那么你一转身，他们很可能不仅窃取你的食物、水或含猫薄荷的玩具，而且还会坐在你最喜欢的椅子上（如此令人发指的罪行，简直不堪设想）。

关于领地，要记住两件事情

1. 在猫的世界，领地并不仅仅意味着房子或花园。它也可以延伸到车道，邻居的花园，三扇门后面的花园，马路，甚至周围的街道。

2. 你拥有的领地越多，就越难防守。记住，当你决定把整条街都设为你的领地，要包括车库和路边的商店。

（另见"标记你的领地"）

雷 暴

当你望着窗外，不知道为什么天空已经变暗，咒骂这场阻止你出去的大雨时，你知道接下来会出现极其响亮的轰隆隆的声音！这一定预示着世界末日，对吧？如果你之前不想排便，那么此刻你会想，而且你可能已经这样做了……

这就是所谓的雷鸣。面对这种噪声，表现出某种程度的不安是完全自然的。有些猫会经历轻度焦虑的感受，而另一些猫会感到盲目恐慌和绝对的恐惧。

对于大多数猫而言，正是对未知的恐惧导致心里产生压力，所以要做的第一件事就是了解雷鸣是什么，不是什么。

雷鸣是什么？

它是伴随闪电发出的巨大的声音冲击波。

雷鸣不是什么？

它不是全世界最大，最令人难以置信的狗在你屋外（甚至比《世界上最大的狗》中的迪格比还要大得多）以最高的声音冲着你狂吠。

雷鸣显然是可怕的，但你可以充分利用这种自然现象。把它看成是授权你在家里做所有不被允许的事情，包括以极快的速度从一个房间跑到另一个房间，打翻东西，搔抓所有并不该碰的东西，爬上窗帘，进入你不许进入的房间，咀嚼鞋子，当然，还可以在垃圾箱外面撒尿和排便。

你的主人会把任何不寻常的不良行为归因于你被巨大的噪声吓住了。你不仅会得到原谅，而且你还很可能被爱抚和给予美食。

暴风雨天气？突然之间，它似乎并不可怕了。

猫咪聊天

马奇：

好吧……此时我是一只受到惊吓的猫。

（另见"黑暗中会发光的眼睛"）

卫生间

又称浴室。这间屋子里有一个很大的充满了水的白色椅子。这是你的主人看报纸或玩手机的地方，也是他们大小便的地方。你可以把它看成是一种高科技垃圾箱。对于猫来说，卫生间提供了与人类互动的最好机会。在这里，我们可以目不转睛地盯着他们看。

猫咪聊天

尼禄：

听我的。

坚持用猫砂盆。

（另见"浴室"和"猫砂盆"）

训 练

几乎每隔一段时间，你的主人就会试图训练你对基本的命令做出响应。他们不明白的是，不像狗——它们是真正的驮畜，只是想取悦"领导"——我们非常独立，而且几乎没有兴趣或倾向为得到赞美或关注而卖力，更不用说款待了。随着时间的推移，猫会逐渐识别一系列简单的命令，只是我们选择不去识别。

不要因为以这种方式令主人有挫败感就感到内疚。只要记住，你是一只猫，而不是一只擅长表演的猴子。

人类试图教会我们的五个命令

命令	猫的自然反应
来!	为什么?
待在那里!	不!
坐下!	说谁呢?
下来!	好吧!
不要那么做!	随便你怎么说!

树

　　一本名叫《如何成为一只猫》的书里没有一节讲到树，就像名叫《如何成为一只狗》的书里没有一节讲到嗅探。树对我们的整个身心而言，是不可或缺的。

　　通过把爪子刺入柔软的树皮来磨爪子比刺入厚厚的地毯、扶手椅的侧面或主人的腿更令我们满意。其实，树带给我们的享受不仅仅是让我们在不被责骂的情况下好好地来一次长时间的搔抓。它提供了一种便捷的方式，使我们对潜在的捕食者和猎物有更好的视野，并且为我们躲避大喊大叫的狗提供了方便的退路。

　　当我们爬上一棵树，我们能够研究我们的整个领地，一切都在我们的纵览之下。尽管如此，我们的领地并不像听起来那么宏大，它们通常包括无人照料的后花园，破烂不堪的棚子，邻居的满是淤泥的池塘。

　　不过，有时远离这一切也很好。

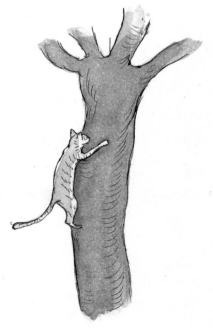

如果你被困住

所有的猫上树之后最终会下来。要做的第一件事就是：不要惊慌。

第二件事是要明白你不能用爬上树的方式（头朝上）爬下来（爪子先行）。你的爪子向内弯曲，所以当你低头的时候，得不到任何抓地力。不过不要担心，有三种经过测试的方式可以帮助你返回到地面：

1. 缓缓地降下尾巴。
2. 迅速跳跃。
3. 被人类称之为消防队的人搭救。

要忘恩负义

显示这一特质对你如何度过一生很关键。你做的每件事情都要显示这一特质，这很重要，它把我们和狗区分开。给它们一顿美食，它们就会上蹦下跳或一边绕圈跑一边兴奋地嚎叫。而我们应该尽量摆出一副"我不在乎"的态度。

当你的主人和你互动，任何情况下都不要表现出任何满意的表情，更不用说感谢了。

例子

1. 喵喵叫，以示我们想要食物。
2. 当你的主人把食碗放在你的面前，你马上抬起鼻子走开。

* 当然，在没人注意的时候再回来。

喷 尿

喷尿并不像看起来那么简单（喷尿行为本身很简单——你所要做的就是来到某个对象面前，翘起尾巴喷尿）。我的意思是，我们喷尿的原因不像我们标记领地——告诉其他猫"退后，伙计。我先来的"——那样清晰。我们把喷尿作为一种手段来传达自己的感受。这种方式可能没有喵喵叫或发出咕噜声那样令人愉悦，而且它肯定是难闻的，但这仍然是你表达自己的一种重要途径。

除了标记领地，你会喷尿的五个理由

1. 因为你害怕。
2. 因为你焦虑。
3. 因为你想让一个陌生的对象变得熟悉。
4. 因为你真的，真的很讨厌那个新沙发。
5. 还讨厌壁纸。

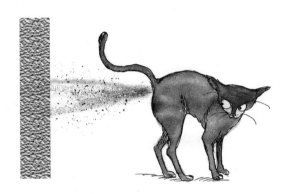

真空吸尘器

　　肆意发挥你的想象力本身会造成巨大的焦虑。举个例子来说，走廊里那个黑暗的洞穴。其实那只是楼梯下的柜子。邪恶的怪物就住在那里？它是一种叫作真空吸尘器的东西。它是人类用来打扫屋子的机器，在打扫的过程中也会带走你脱落的毛发。虽然真空吸尘器可以像邪恶的怪物大声吼叫那样发出巨大的噪声，很吓人，但不会持续很长时间。

你可能会每周听到两次它的声音（如果你掉毛很多，会更频繁地听到）。但如果与你同住的是一位男性，那么只有在极少数情况下你才会听到真空吸尘器的声音。

蔬菜

伴随一种完全错误的概念——他们应该提高我们的营养——你的主人可能会决定在你的日常饮食中增加蔬菜。事实是：

A．我们并不需要蔬菜

B．我们不想要蔬菜

更糟糕的是，像大蒜、洋葱、韭菜、西红柿和鳄梨这类蔬果对我们是有毒的。当涉及你的健康时，不要抱任何侥幸心理。避免每一种蔬菜。

猫咪聊天

里克洛克：
我原先以为没有比干燥的猫粮更单调乏味的东西了。后来我发现答案是蔬菜。

兽 医

有些兽医认为他们的工作是梦寐以求的职业。他们把毕生的精力用于帮助生病的宠物恢复健康，他们由此获得巨大的工作满足感，每一天都不同。如果你遇到这样的兽医，你是幸运的。我们大多数猫遇到的是因为没有足够的智慧当人类的医生，所以才做兽医的人。他们把这种愤怒和怨气发泄到我们身上，通常表现为简单粗暴地对待和一定程度地拨弄我们，而不是专业地处理。

每当你出现在他们的诊疗台上时，他们在想，"我本来是一名世界领先的神经外科医生。相反，我却在给这只英国长毛猫检查疥癣。"

我们真的不喜欢兽医的五个原因

1. 他们羞辱我们，说我们身上有虫。
2. 说我们超重。
3. 他们是推荐使用耻辱锥帽的人。
4. 四个字：挤压肛腺。
5. 还有一个词：疫苗接种。

看兽医指南

等候室

这是我们待在猫笼里被囚禁的地方，一些愚蠢的狗会冲着我们咆哮。

接待处

这里会让你有瑞诗酒店的印象，自诩为客户提供优质服务。事实并非如此。

秤

兽医发出啧啧声，然后向你的主人出售昂贵的减肥猫粮所需用到的东西。

诊疗台

这个不锈钢的台面提供了三样东西：冰凉的表面，没有任何东西可供我们抓地，还有跌落到坚硬地板上的潜在可能。

X 光室

如果你吞下了某些不该吞下的东西，在这里都能找出来。钥匙，螺丝，石头，小玩具，骨头，电脑鼠标，珠宝，蜡笔，电池，USB记忆棒以及松紧带。在这个房间里，真相总是占上风。

手术室

这里简直就是猫噩梦的来源：明亮的光线，带有管子的怪异机器，很多尖锐的东西，人们戴着口罩。

狗 舍

这是动物们手术后准备回家之前被放置的地方。不要让名字误导你。它们不是带有斜屋顶的小型木制动物屋，而是一只不折不扣的铁笼。而且，你将不可避免地发现，它们不只是为狗而设。

猫咪聊天

伯蒂：
兽医？他们是不仅会拔掉你爪子上的刺，而且会切除你的睾丸的人。

唤醒人类

你可能饿了，也可能感到冷，或者你希望唤醒主人只是为了闹着玩。这并不重要。重要的是，你要学会大量的方法做这件事。当然，用一个久经考验并且你知道很奏效的办法是可接受的，但风险是主人会逐渐对这种方法免疫（我知道很难想象有人能做到忍受你在耳边像鬼魂一样哭嚎却置之不理的境界，但确实存在这种情况）。所以，考虑到这一点，我为大家介绍一些可尝试的方法。

将主人从心满意足的深度睡眠中唤醒的十五个最有效的方法

1. 不断地刮擦床、椅子或沙发的一侧。

2. 仰面躺在床底下，慢慢地用爪子把自己支撑起来。

3. 非常缓慢地拖动你的爪子，然后尖叫着越过穿衣镜。

4. 让自己待在距离主人的耳朵两英寸的地方。一开始先发出温和的喵喵叫，然后逐渐升级成女妖哀嚎的地步。

5. 用你的爪子揉捏他们的脸。

6. 用你粗糙的舌头使劲地舔他们的鼻子、耳朵或嘴唇。

7. 在他们身上悠闲地散步。

8. 从旁边的一件家具或平面直接飞跃到他们的胃或背部。

9. 在羽绒被上走了一圈又一圈。

10. 反复地用你的爪子敲他们的下巴（这被认为是非常不易察觉的……正因如此，实在是毫无乐趣可言）。

11. 把你的屁股对着他们的脸（仅在他们有良好的嗅觉的情况下适用）。

12. 坐在他们的胸口，盯着他们看。

13. 试图扒开他们的眼皮，看看他们是否真的睡着了，而不仅仅是假寐。

14. 钻到羽绒被下面，像虫子一样扭来扭去，把你的爪子放在被褥和主人身上。

15. 坐在床头柜上，系统地把柜子上的东西打落到地板上，比如，他们的表、耳环、钱夹、零钱、收据等。一次打落一个。

如果所有方法都失败

挠抓他们（当他们大喊"别抓脸！别抓脸"，你就知道他们完全清醒了）。

（另见"膀胱"）

散　步

我们看上去像狗，听起来像狗还是行为像狗？没有？那就不要带我们散步！

除非你住在巴黎，你的主人是一个老太太或是一个特别时尚的人，否则，完全没有必要把一根绳索系在我们的项圈上，领着我们转街。如果你这样做，你会看起来像一个白痴。

更糟糕的是，我们也会如此。

温暖的地方

温暖的地方是指你的主人刚刚坐过的地方，它有可能是椅子、沙发或床上。作为人类，创造温暖的地方是他们的职责；作为猫，占据温暖的地方是你的职责。从本质上讲，你的任务是必须像警察埋伏监视那样去占据温暖的地方。因此，它的成功将有赖于三件事情。

保持警惕

你可能守望和期待温暖的地方已经有半个小时或更长时间。如果你的主人能够很好地控制膀胱或真的很投入地看某个电视节目，你等待的时间就会更长。虽然睡觉比等待更具诱惑力，你还是应该继续关注并与瞌睡作斗争：占据温暖之地的机会可能只是几秒钟的事。如果你在做梦追老鼠，你会错过机会。你打盹，你就输了。

未雨绸缪

谈到成功地占据温暖之地，预先规划很重要。你需要决定自己待在哪里，什么时候采取行动，如果任务被破坏该怎么办。你需要从头到尾地想到整个过程，并应对突发的变化（比如，你的主人决定在商业广告时间不去沏茶，你该怎么办？）。

速度就是一切

你的最佳位置是既能让你有利地监控，又能让你在时机成熟的时候轻松跳跃到温暖之地的地点。只要你的主人暂时起身或离开房间，你立刻迅速地奔向目的地。如果你优柔寡断，那么你不仅失去了温暖的地方，而且注定要在地板上度过晚上剩下的时间。

当你最终占据了温暖的地方

舒展身体，闭上眼睛假装睡着了。如果有人捅你或试图移动你，伸出你的爪子并发出嘶嘶声。

洗衣机

当你第一次看到洗衣机在工作时，它似乎令人着迷，甚至有一种催眠的效果。它有着神秘而低沉的隆隆声，水花溅起的迷人声音以及有规律地闪烁的明亮灯光。不要浪费你的时间盯着它看，因为你能看到的一切只是：

· 人的衣服朝一个方向转。

· 人的衣服朝另一个方向转。

就是这样。

猫咪聊天

乔：
它会让我的毛色变得更白吗？

水

　　水之于猫的意味，就像之于西方邪恶女巫的意味。你可能认为，我们在整理仪容方面很挑剔，所以会喜欢水，但你错了，非常错误。试图把我们带入浴室的人们会了解我们对水深恶痛绝的态度——原本是想让我们变得清洁的善意最终使他们花去整个晚上的时间用消毒剂涂抹被抓伤的双手和双臂。

　　为什么我们不喜欢水呢？人类已经得出的结论是：我们把水和水里的捕食者关联起来（甚至连狮子也非常害怕鳄鱼），或者潮湿的气味会提醒捕食者我们的存在。真正的原因是什么？对人类而言，相当于坐在潮湿的衣服上。

（又见"浴室"）

百叶窗

就像洗衣机或烘干机的内部，邻居的花棚和露天明火一样，百叶窗不是你的朋友。当然，它们看上去很无辜——细细的水平板条阻隔你毫无障碍地看外面——其实它们也是一种窗饰，相当于捕蝇草。一步走错，你就会被夹住。即使你设法在主人回家之前抽身，可你想掩盖自己错误行为的证据是不可能的。

猫咪聊天

薇洛猫咪：
我知道他们本该买窗帘。

巫　术

你确定你是猫？是的，你可能看起来像猫，但事实上有可能不是……

我知道这听起来像一只疯狂家猫的胡言乱语，但那些相信巫术的人们认为猫是以动物形态示人的神灵，被称为"魔宠"，其职责就是帮助女巫施展法术，通常作为女巫的密友。大多数魔宠被唤作塞勒姆、派沃凯特或克鲁克山，而且是短毛黑色或姜黄色的猫；虎斑猫看起来并不真的"超凡脱俗"，如果你是一只毛茸茸的白色猫……那么没有人会被你吓到，难道不是吗？

你确实是魔宠的明确迹象是，你拥有超自然的力量。你自己沿着晾衣绳纵身一跃，就能跳到花园栅栏的顶部，这个能力说明你天生敏捷，而不是魔法使然。当然，这些能力可以处于休眠状态，主要取决于你的主人是不是女巫。

七个明确的迹象表明你的主人或许真的是女巫

· 她在 Facebook 的身份是树精灵或月亮的女儿。

· 比起圣诞节，她更喜欢春分。

· 她夜间在林地周围裸奔。

· 她用小说及童话故事中巫师用以施符咒的大锅做饭，而不是用法国酷彩浅锅。

· 万圣节被看作是一个宗教节日，而不是商业噱头。

· 她拼写"magic"时，最后一个字母写成"k"。

· 她的车尾贴上写着："我的另一辆车是一把扫帚"。

毛线 / 纱线

忘记复杂的猫爬架或猫隧道。一些最好玩的玩具往往是最简单的——没有什么比毛线团更简单的了。我的意思是，最好的玩具就是毛线团！

人类使用毛线（有时也被称为纱线）做衣服，或者如果他们真的在生活中找不到任何乐趣，会用毛线编织茶壶套。他们称之为"针织品"，可惜如今针织品已经不像过去那么时髦了。如果你有幸生活在一个主人确实会编织针织品的家庭，那么你会有毛线团当玩具。然而，尽管在地板上把毛线团像一只受伤的老鼠那样扔来掷去，或把它与别的东西纠缠在一起很有乐趣，我在这里还是给你一些建议。

关于毛线，该做什么和不该做什么

· 试着找到主人的针线盒，或者说所有的猫都知道这个神话般的地方叫亚妮亚（Yarnia）。

· 不要吃毛线。它是一种纤维，不是面条。

· 不要玩腈纶纱线。我们有自己的标准！

· 当主人织毛线的时候，把毛线团从主人的大腿上打落下来。

· 当主人谈论弦理论，不要激动。她并不是在假设如何让你觉得有趣；弦理论非常枯燥，它关乎地心引力和宇宙的基本结构。

> 如果你怀孕的时候玩毛线，会生出一副手套——这纯属谣言。

猫咪聊天

费利克斯：
我的主人知道我喜欢毛线，但这一次他们做得太过分了！

蠕　虫

你知道那种内心有一股暖流的美好感觉吗？那意味着你感到满足。另一方面，你知道嗜睡饥饿和慢性腹泻交叠在一起的感觉吗？这可能是蠕虫在作祟。

广泛应用于杀死这些寄生虫的手段包括液体、片剂或注射。如果你真的感觉很受这些蠕虫的折磨，最糟糕的不是你的胃感到不适，而是你的社会地位受到损害。

猫瑜伽

猫没有令人沮丧的通勤，讨厌的老板，金钱问题，顽劣的孩子以及不稳定的人际关系——或任何使人类感到压力重重的数以百计的压力之一。然而，对于我们来说不幸的是，有些人开始把我们纳入他们的减压方法。我说的是把我们拉去上猫瑜伽课程。

我知道这听起来很可笑，但我不是在开玩笑。猫瑜伽是"一件事"，具有讽刺意味的是，这件事令我们感到紧张。我们只想待在家中，蜷缩在某个温暖舒适的地方，而不是在一个通风的房间里被一群名叫阿拉贝拉或塔玛拉的自命不凡的女人围绕着。当她们拉伸和弯曲身子的时候，我们漫无目的地在她们周围游荡，等着回家。她们被告知（而且她们相信）周围有猫在会帮助她们放松，并实现进入更高的意识状态。她们还声称，我们的存在有助于培养我们的"猫能量"。

我不知道你会作何感想，但我宁愿花时间舔我的生殖器，而不是净化我们的能量。猫瑜伽？狗会说，"这只是乱叫！"

猫咪聊天

特里克:
难道我这个样子是放松的？